Carsten Räch

Untersuchung von Wechselstromverlusten verschiedener hochtemperatursupraleitender Mehrleiterkonzepte für dreiphasige Hochstromanwendungen

Karlsruher Schriftenreihe zur Supraleitung Band 038

Eine Übersicht aller bisher in dieser Schriftenreihe erschienenen Bände finden Sie am Ende des Buches.

Untersuchung von Wechselstromverlusten verschiedener hochtemperatursupraleitender Mehrleiterkonzepte für dreiphasige Hochstromanwendungen

von
Carsten Räch

KIT Scientific Publishing

Karlsruher Institut für Technologie
Institut für Technische Physik

Untersuchung von Wechselstromverlusten verschiedener hochtemperatursupraleitender Mehrleiterkonzepte für dreiphasige Hochstromanwendungen

Zur Erlangung des akademischen Grades eines Doktors der Ingenieurwissenschaften von der KIT-Fakultät für Elektrotechnik und Informationstechnik des Karlsruher Instituts für Technologie (KIT) genehmigte Dissertation

von Carsten Räch, M.Eng.

Tag der mündlichen Prüfung: 19. Dezember 2023
Erster Gutachter: Prof. Dr.-Ing. Mathias Noe
Zweiter Gutachter: Prof. Dr.-Ing. Karsten Glöser

Impressum

KIT Scientific Publishing

Karlsruher Institut für Technologie (KIT)
KIT Scientific Publishing
Straße am Forum 2
D-76131 Karlsruhe

www.ksp.kit.edu

Print on Demand 2024 – Gedruckt auf FSC-zertifiziertem Papier

ISSN 1869-1765
ISBN 978-3-7315-1372-8
DOI 10.5445/KSP/1000171854

Danksagung

Die vorliegende Arbeit ist während meiner Zeit an der Hochschule Kaiserslautern in enger Kooperation mit dem Institut für technische Physik (ITEP) des Karlsruher Instituts für Technologie (KIT) entstanden. Beiden möchte ich für die fachlichen, professionellen und moralische Unterstützung danken.

Mein besonderer Dank gilt dabei Prof. Dr.-Ing. Mathias Noe für die zu jeder Zeit hilfsbereiten und wissenschaftlichen Betreuung dieser Arbeit. Die thematische Ausrichtung hat sich erst in der fachlischen Diskussion mit ihm ergeben und die Bearbeitung der einzelnen Problemstellungen wären ohne seine Anmerkungen niemals möglich gewesen.

Ein weiterer besonderer Dank geht an Prof. Dr.-Ing. Karsten Glöser für seine unermüdliche Unterstützung bei allen fachlichen und organisatorischen Fragen sowie der notwendigen Motivation diese Arbeit voranzutreiben. Ein Abschluss dieser Arbeit wäre auch ohne ihn undenkbar gewesen.

Ebenso wichtig waren alle beteiligten Arbeitskollegen und Studenten der letzten Jahre. Stellvertretend möchte ich Herrn Dr. Itschner sowie Herrn Kreuter für die vielen hilfreichen Diskussionen und die Überstunden im Labor danken. Im Team arbeitet es sich immer leichter und mit guten Freunden wird aus der Arbeit schnell ein persönliches Projekt.

Des Weiteren möchte ich Prof. Dr.-Ing. Christian Schumann und seinem hervorragenden Team danken, die mir bedingungslos einen Teil ihres Labors zur Verfügung gestellt haben und immer für fachliche Diskussionen zur Verfügung standen.

Diese Kooperation wurde im Rahmen eines Kooperationsprojektes zwischen der Hochschule Kaiserslautern und dem Unternehmen Vision Electric Super Conductors GmbH durchgeführt. Herrn Dr.-Ing. Wolfgang Reiser sowie allen Mitarbeitern danke ich für die wertvolle Unterstützung in dieser Zeit, sei es durch fachliche Diskussionen oder durch Hilfe beim praktischen Versuchsaufbau. Ich freue mich hierbei ein großartiges Team aus Arbeitskollegen gefunden zu haben, die alle das große Potenzial der Supraleitung sehen und mit denen ich auch in Zukunft noch einige interessante Projekte bearbeiten darf.

Und „Last but not least" möchte ich meiner Familie danken. Im Speziellen meinen Eltern (Nicola und Holger), meinen beiden Brüdern (Patrick und Stephan) sowie meinen beiden Mitbewohnern (Juliane und Daniel), die zur erweiterten Familie gehören. Sie haben mir in den letzten Jahren den Rücken von allen privaten Verpflichtungen freigehalten und sich nie darüber beschwert. Zusätzlich haben sie mir auch in schwierigen Zeiten die notwendige Motivation gegeben weiterzumachen.

Kurzfassung

Angesichts der Energiewende in Deutschland sowie eines generellen Anstiegs elektrischer Lasten im deutschen Netz, stehen Netzbetreiber vor der großen Herausforderung, eine zuverlässige Energieübertragung bereitzustellen. Konventionelle Übertragungstechnologien mit VPE isolierten Kabeln oder Freileitungen sind allerdings oftmals durch ihre Übertragungskapazitäten limitiert und benötigen einen hohen Platzbedarf.

Der Einsatz supraleitender Kabel stellt hierbei eine Alternative dar, die in Projekten weltweit bereits erfolgreich umgesetzt wurde. Hochtemperatursupraleiter ermöglichen dabei eine hohe Übertragungsleistung bei deutlich reduziertem Platzbedarf sowie verringerten Kosten für die Kühlung. Somit können Leistungen, die vormals der Hoch- und Höchstspannungsebene vorbehalten waren, auch auf der Mittelspannungsebene übertragen werden.

Daher werden in dieser Arbeit unterschiedliche hochtemperatursupraleitende Mehrleiterkonzepte für ein dreiphasiges Mittelspannungskabel untersucht. Ziel ist ein kompaktes Kabeldesign bei geringen elektrischen Verlusten sowie einem reduzierten Einsatz von Bandleitern. Die Mehrleiterkonzepte bestehen aus parallelen Stack-, CroCo- oder CorC-Anordnungen.

Hierfür wird eine Methode zur Bestimmung der kritischen Ströme sowie der elektrischen Verluste vorgestellt. In einem iterativen Verfahren werden anschließend die Anzahl an parallelen Leitern sowie die geometrischen Abstände des ein- und dreiphasigen Kabels berechnet.

In einem abschließenden Vergleich der drei Mehrleiterkonzepte zeigt sich, dass der Einsatz von CorC-Anordnungen die notwendige Anzahl an Bandleitern drastisch gegenüber den Stack- oder CroCo-Anordnungen reduziert. Letztendlich minimiert sich somit auch der Querschnitt des dreiphasigen Kabels.

Im letzten Abschnitt werden durch einen praktischen Versuchsaufbau der kritische Strom sowie die elektrischen Verluste einer CroCo- und einer CorC-Anordnung ermittelt. Die so gemessenen Werte können mit den zuvor vorgestellten mathematischen Methoden gut abgebildet werden. Zudem zeigt die CroCo-Anordnung bereits Verluste größer $1\,\frac{\mathrm{W}}{\mathrm{m}}$ sobald der effektive Strom 20 % des kritischen Stroms erreicht, während ähnliche Verluste bei einer CorC-Anordnung erst ab 55 % des kritischen Stroms auftreten.

Abstract

Given the energy transition in Germany and a general increase in electrical loads on the german grid, network operators face the significant challenge of providing reliable energy transmission. Conventional transmission technologies with VPE-insulated cables or overhead lines are often limited in their transmission capacity. Additionally it requires a substantial amount of space.

The use of superconducting cables presents an alternative that has already been successfully implemented in projects worldwide. High-temperature superconductors enable a large transmission capacity with significantly reduced space requirements and lower cooling costs. As a result, power levels that were previously reserved for high and extra-high voltage levels can now be transmitted at the medium voltage level.

Therefore, this work explores various high-temperature superconducting multi-conductor concepts for a three-phase medium-voltage cable, aiming to achieve a compact cable design with low electrical losses and reduced use of superconducting tapes. The multi-conductor concepts consist of parallel Stack, CroCo, or CorC arrangements.

For this purpose, a method for determining critical currents and electrical losses is presented. In an iterative process, the number of parallel conductors as well as the geometric distances of the single and three-phase cables are calculated.

A final comparison of the three multi-conductor concepts shows that the use of CorC arrangements drastically reduces the required number of tapes compared to Stack or CroCo arrangements. Ultimately, this also minimizes the cross-section of the three-phase cable.

In the last section, the critical current and electrical losses of a CroCo and CorC arrangement are measured. The values align well with the mathematical methods presented earlier. Additionally, the CroCo arrangement exhibits losses greater than $1\,\frac{\mathrm{W}}{\mathrm{m}}$ once the effective current reaches 20 % of the critical current, while similar losses in a CorC arrangement occur at 55 % of the critical current.

Inhaltsverzeichnis

1 Aufgabenstellung

Die deutschen Verteilnetze stehen in den nächsten Jahren angesichts der Energiewende und steigender Lasten vor großen Herausforderungen. Der Wandel hin von einer zentralen Stromerzeugung in Kraftwerken zu einer dezentralen Stromerzeugung durch erneuerbare Energien erfordert auch ein Umdenken bei der Energieübertragung. Ungefähr 90 % der erneuerbaren Energieerzeugung wird auf der Verteilnetzebene angeschlossen [MAT-19a], sodass die Energieeinspeisung den Verbrauch zeitweise übersteigen kann und es zu einer Lastflussumkehr in den unteren Netzebenen kommt. Das Stromnetz muss flexibel auf diese Situationen reagieren können. Dafür stehen im Wesentlichen zwei Methoden zur Verfügung: ein Netzausbau oder eine Veränderung im Betrieb zum Beispiel durch die Integration von Energiespeichern. Studien der Deutschen Energieagentur (dena) haben belegt, dass sowohl auf der Übertragungsebene [KOH-10] als auch auf der Verteilnetzebene [AGR-12] ein Netzausbau unabdingbar ist.

Der *Bericht zum Zustand und Ausbau der Verteilernetze 2021* der Bundesnetzagentur [BUN-22] fasst den Zustand und Ausbau der Verteilernetze aus Sicht der deutschlandweiten Verteilnetzbetreiber zusammen. Darin wird innerhalb der nächsten fünf Jahre eine steigende Last durch E-Mobilität und Wärmepumpen sowie durch neue Speicher erwartet. Das erhöht die Anzahl an Engpässen und Grenzwertverletzungen, insbesondere auf der Nieder- bis Mittelspannungsebene. Auf der Mittelspannungsebene soll dieser Entwicklung hauptsächlich durch Netzausbau entgegengewirkt werden. Der Netzausbau umfasst dabei den Neubau von Leitungen genauso wie die Erneuerung bestehender Systeme mit einer Erhöhung der Übertragungskapazität. Von den Netzbetreibern wird dafür in den nächsten zehn Jahren ein Investitionsvolumen von ca. 7,8 Mrd. € auf der Mittelspannungsebene und ca. 8 Mrd. € auf der Hochspannungsebene eingeplant.

In Verteilnetzen werden heutzutage fast ausschließlich VPE-isolierte Kabel installiert. Zusätzlich existieren noch Gasdruck- sowie Ölkabel, die ab den 1930er Jahren verstärkt in urbanen Gebieten eingesetzt wurden. Die in Stahlrohre eingezogenen dreiphasigen Kabel erwiesen sich als zuverlässige und langlebige Betriebsmittel [BAN-98], wurden aber auf Grund der komplexen Handhabung und dem benötigten Fachpersonal für die Inbetriebnahme, Wartung und Reparatur durch VPE-Kabel verdrängt. Tausende Kilometer sind allerdings nach wie vor in europäischen Hochspannungsnetzen in Betrieb und müssen in absehbarer Zeit ersetzt werden [CUR-18]. Ein Retrofit dieser Rohrsysteme durch VPE-Kabel wurde hinlänglich untersucht [KAR-00] und auch angewendet. Die Weiternutzung der Rohrsysteme reduziert den Aufwand für Tiefbauarbeiten beim Netzausbau auf ein Minimum und ist daher von großem Interesse für die Netzbetreiber. Eine Erhöhung der Übertragungskapazität bei gleichbleibendem Kabelquerschnitt ist dadurch allerdings oftmals nicht möglich.

Eine Alternative hierfür bietet der Einsatz supraleitender Kabel. Die Eigenschaft, bei tiefen Temperaturen verlustarm Strom transportieren zu können, konnte in den vergangenen Jahren viel Aufmerksamkeit auf sich ziehen. Bei Betriebstemperaturen um die 77 K ist die Stromdichte aktueller supraleitender Materialien um den Faktor 100-200 höher als bei Kupfer [WOO-15]. Dies ermöglicht sehr hohe Leistungsdichten bei reduzierter Geometrie sowie Gewicht und prädestiniert diese für den Einsatz sowohl bei energieintensiven Vorhaben als auch bei der Energieübertragung. In den letzten 30 Jahren entwickelten Forschungseinrichtungen und Unternehmen daher unterschiedliche Konzepte für dreiphasige supraleitende Kabel. Dabei wurden auf der Mittelspannungsebene Projekte mit Leistungen bis 140 MVA [SOI-11] und auf der Hoch-/Höchstspannungsebene bis 600 MVA realisiert [MAG-11]. Weitere supraleitende Kabelprojekte waren mehrere Jahre erfolgreich im aktiven Netzbetrieb integriert, ohne nennenswerte Zwischenfälle zu verzeichnen [STE-13]. Mit hohen Stromdichten bei kleinem Kabelquerschnitt bieten sie eine Alternative, um Probleme bei der Energieversorgung, speziell in urbanen Gebieten, zu lösen und bereits bestehende Bestandsrohre der Netzbetreiber nutzen zu können.

Für ein dreiphasiges supraleitendes Mittelspannungskabel mit einer Übertragungsleistung von 173 MVA werden in dieser Arbeit unterschiedliche HTS-Mehrleiterkonzepte und ihre AC-Verluste untersucht. Dabei wird auf ein kompaktes und verlustreduziertes Design geachtet. Um kapazitive Asymmetrien zu vermeiden, wird außerdem eine symmetrische Verlegung der Phasen in einer Dreileiteranordnung anstelle der typischen koaxialen Bauweise angenommen. Die einzelnen Phasen sind für einen Nennstrom I_{rms} = 5 kA bei einer Nennspannung von U_n = 20 kV ausgelegt. Die Kühlung des Kabels erfolgt mit flüssigem Stickstoff LN_2, der ebenfalls als flüssiges Dielektrikum zwischen den Phasen eingesetzt wird. Durch den Verzicht auf sonstige Isolationsstoffe entsteht ein platzsparendes Kabeldesign. Als Phasenleiter wird eine Mehrleiteranordnung, bestehend aus *Cross-Conductor-Anordnungen* (CroCo) [WOL-16], *Stack-Anordnungen [TAK-12]* oder *Conductor-on-round-Core-Anordnungen* (CorC) [VAN-19] eingesetzt. In allen drei Anordnungsvarianten kommen REBCO-Bandleiter, also Hochtemperatursupraleiter (HTS), zum Einsatz. Ziel ist ein verlustoptimiertes und kompaktes Drehstromkabel.

In Kapitel 2 wird hierfür der Einsatz von Hochtemperatursupraleitern in der Energietechnik erläutert. Grundlagen bezüglich der kritischen Größen von supraleitenden Bandleitern sowie Modelle zur Beschreibung des Verhaltens werden erläutert. In besonderem Maß wird dabei auf die Magnetfeldabhängigkeit des Supraleiters eingegangen. Verschiedene Verlustmechanismen sowie existierende Berechnungsmethoden für AC-Verluste werden zusammenfassend dargestellt. Letztlich werden Methoden zur Messung der Verluste erklärt und miteinander verglichen.

Bereits existierende Kabelkonzepte mit ihren Vor- und Nachteilen werden in Kapitel 3 diskutiert und mit dem in dieser Arbeit eingesetzten Kabeldesign verglichen. Eine Liste ausgewählter und umgesetzter AC-Kabelprojekte weltweit zeigt dabei den Entwicklungsstand supraleitender Übertragungssysteme. Für die Auslegung von Hochstromsystemen ist die Anwendung von Mehrleitersystemen unabdingbar. Dahin gehend werden bestehende Konzepte und umgesetzte Projekte erläutert. Der Aufbau eines Phasenleiters erfolgt mit gewickelten oder gestapelten Bandleitern in sogenannten Stack-, CroCo (Cross Conductor)- oder CorC (CorC On a Round Core)-Anordnungen, die abschließend in diesem Kapitel erklärt werden.

Für die Berechnung der AC-Verluste wird in Kapitel 4 eine angepasste numerische Berechnungsmethode auf Basis der von Brandt vorgestellten Methode [BRA-94, BRA-96] zum Einsatz kommen. Dabei werden Berechnungsmodelle der Supraleitung in Kombination mit den Maxwell-Gleichungen in integraler Form als ein System aus gewöhnlichen Differentialgleichungen aufgestellt. Die gewöhnlichen Differentialgleichungen werden nur für den supraleitenden Bereich gelöst, womit die Anzahl an Berechnungsknoten gegenüber einer Finite Elemente Methode (FEM) drastisch reduziert wird. Das Verfahren kann für zweidimensionale Modelle eingesetzt werden, etwa einer Stack- oder CroCo-Anordnung, wie auch für das dreidimensionale Modell einer CorC-Anordnung. Die Ergebnisse der Berechnungsmodelle werden mit Ergebnissen aus der Literatur verglichen.

In Kapitel 5 wird das Design eines dreiphasigen supraleitenden Kabels für die Mittelspannungsebene mit einer Leistung von 173 MVA ausgelegt. Ein Vergleich der Auslegungen mit Stack-, CroCo- oder CorC-Anordnungen zeigt Unterschiede in der benötigten Anzahl an REBCO-Bandleitern und dem Platzbedarf. Die Berechnung der AC-Verluste einer einzelnen Anordnung nach der in Kapitel 4 beschriebenen Methode ist dabei der erste Schritt. Daraufhin kann im zweiten Schritt die Auslegung eines kompletten Phasenleiters unter Berücksichtigung der Vorgabe von maximal zulässigen Verlusten erfolgen. Im letzten Schritt wird die Geometrie der drei Phasenleiter entsprechend ausgelegt, sodass das dreiphasige Kabel mit dem Isolationsmedium flüssig Stickstoff (LN_2)

eine ausreichend hohe Spannungsfestigkeit für den Einsatz auf der Mittelspannungsebene aufweist.

Das Kapitel 6 untersucht messtechnisch drei CorC-Anordnungen. Dafür werden die kritischen Ströme der CorC-Leiter bestimmt sowie die Verlustleistung bei Belastung durch einen Strom gemessen. Dabei werden unterschiedliche Belastungspunkte in der Nähe des Quench-Kriteriums der jeweiligen Anordnung angefahren. Für die Verlustmessung wurde ein kalorimetrisches Messsystem aufgebaut und mit einer Referenzkurve kalibriert.

In Kapitel 7 werden die Ergebnisse aus der theoretischen Auslegung sowie aus den Messungen zusammengefasst dargestellt sowie ein Ausblick auf weitere zentrale Punkte bei der Auslegung eines kompakten, supraleitenden Mittelspannungskabels gegeben.

2 Hochtemperatursupraleiter in der Energietechnik

Im nachfolgenden Kapitel werden die Grundlagen im Bereich der supraleitenden Bandleiter sowie ihrer kritischen Größen gelegt. Dies ermöglicht ein besseres Verständnis für die grundlegenden Prinzipien, die das Verhalten von Bandleitern sowie deren Anwendung in supraleitenden Kabeln bestimmen. Zusätzlich wird eine eingehende Beschreibung der Verlustmechanismen von HTS-Bandleitern bei Wechselstromanwendungen präsentiert. Die Kombination dieser beiden Aspekte ermöglicht es, nicht nur die theoretischen Grundlagen zu verstehen, sondern auch deren praktische Auswirkung auf reale Anwendungsszenarien zu erfassen.

2.1 Der HTS-Bandleiter und seine kritischen Größen

Hochtemperatursupraleiter sind Materialien, die im Vergleich zu Tieftemperatursupraleitern, bei hohen Temperaturen supraleitende Eigenschaften aufweisen. Sogenannte REBCO-Materialien (REBCO steht für *„Rare Earth Barium Kupferoxide“*) erreichen dabei den supraleitenden Zustand schon bei Temperaturen oberhalb des Siedepunkts von Stickstoff [MAE-88, WU-87]. Die somit kostengünstigen und leicht zu handhabenden Kühlmethoden begünstigen den großflächigen Einsatz von REBCO-Supraleitern in der Industrie.

REBCO-Supraleiter sind Bandleiter, bestehend aus mehreren dünnen Schichten unterschiedlicher Materialien (siehe Abbildung 2.1). Die Substratschicht schützt die empfindliche Puffer- und Supraleiterschicht vor Zugspannungen sowie Dehnungen und dient als Grundlage für die weiteren aufzubringenden Schichten. Dafür wird überwiegend eine Nickel-Chrom-Molybdän-Legierung (Handelsname Hastelloy C276) verwendet [NAR-91].

Die Pufferschicht wird benötigt, um im Herstellungsprozess der supraleitenden Schicht eine möglichst homogene Textur zu erhalten. Außerdem dient sie als Barriere zum Schutz vor chemischen Prozessen zwischen Substrat- und Supraleiterschicht [CHE-04].

Die supraleitende Schicht ist von polykristalliner Struktur. Die Stromtragfähigkeit hängt von der Gleichmäßigkeit der Ausrichtung der kristallographischen Achsen aller Kristallite ab. Daher ist die Stromtragfähigkeit in der Längsebene auch um das fünf- bis siebenfache höher als in der Querebene [LAR-01].

Auf die supraleitende Schicht wird eine Deckschicht aufgetragen, die diese vor Umwelteinflüssen schützen soll, sowie die Anordnung thermisch und elektrisch stabilisiert. Das gut leitfähige Material der Deckschicht, oftmals Silber, kann im Fehlerfall einen Teil des Stroms tragen und gleichzeitig die Wärme an diesem „Hot Spot" abtransportieren.

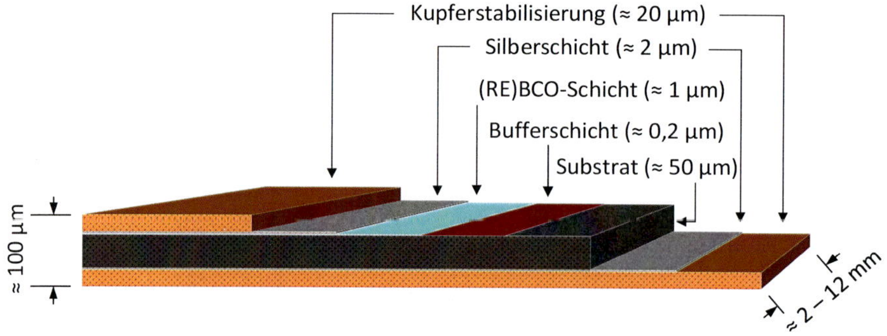

Abbildung 2.1: Schematischer Aufbau eines REBCO-Bandleiters am Beispiel einer Bandkonfiguration von SuperPower [HAZ-09].

Abhängig vom Anwendungsfall finden REBCO-Bandleiter eine weite Verbreitung in der Energietechnik [CHE-04] und auch die folgende Arbeit beschäftigt sich ausschließlich mit REBCO-Bandleitern.

Supraleiter werden generell in zwei Klassen unterteilt. Supraleiter der 1. Art zeigen ein ideal diamagnetisches Verhalten, bis eine kritische magnetische Flussdichte B_c überschritten wird und ein direkter Übergang in den normalleitenden Zustand eintritt. Diese Phase wird die „Meissner"-Phase genannt.

Supraleiter der 2. Art besitzen ebenfalls die „Meissner"-Phase, allerdings dringen bei Überschreitung von B_c nur einige wenige Feldlinien in den Supraleiter ein und es entsteht ein Mischzustand aus supraleitenden und normalleitenden Gebieten. Erhöht sich die magnetische Flussdichte, vergrößern sich die normalleitenden Gebiete, bis eine zweite kritische magnetische Flussdichte B_{c2} überschritten wird und der Supraleiter komplett in die normalleitende Phase übergeht. Dieser Mischzustand wird auch „Shubnikov"-Phase genannt (siehe Abbildung 2.2).

Die kritische magnetische Flussdichte B_c fällt klein aus, sodass nur Supraleiter der 2. Art für technische Anwendungen eingesetzt werden.

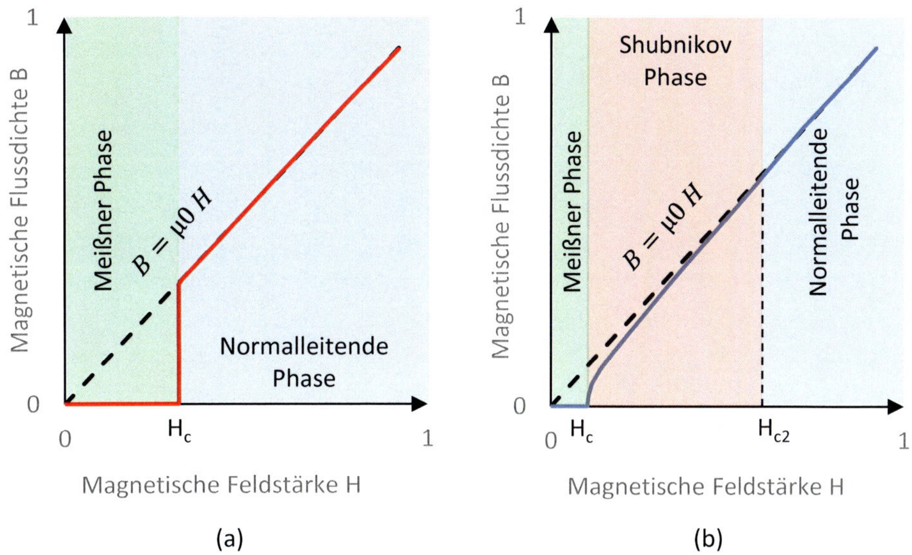

Abbildung 2.2: Eindringverhalten des äußeren Magnetfelds bei einem Supraleiter 1. Art (a) und einem Supraleiter 2. Art (b) (mod. nach [KOM-95]).

Die Feldlinien dringen in sogenannten Flussschläuchen in den Supraleiter ein. Dabei passt sich die Anzahl der Flussschläuche der Stärke des Magnetfelds an und sind frei beweglich innerhalb des Leiters. Eine Bewegung der Flussschläuche wird dabei durch einen Transportstrom oder ein äußeres Magnetfeld verursacht. Treffen die Flussschläuche allerdings auf Inhomogenitäten, zum Beispiel Fehlstellen im Gitter oder Korngrenzen, muss eine gewisse Kraft F_P aufgebracht werden, um diese Stellen zu überwinden, oder die Schläuche bleiben an den Fehlstellen haften. Diesen Effekt nennt man „Fluss-Pinning".

Fließt etwa ein Transportstrom $i(t)$ durch einen Supraleiter der Länge l, wirkt eine Lorentzkraft

$$\boldsymbol{F}_{\mathrm{L}} = i(t)(\boldsymbol{l} \times \boldsymbol{B}) \tag{2.1}$$

auf die Flussschläuche. Solange die Lorentzkraft betragsmäßig kleiner ist als die Pinningkraft der Störstellen, verbleiben die Flussschläuche an Ort und Stelle. Ab einem bestimmten kritischen Strom I_c ist jedoch die Lorentzkraft größer als die Pinningkraft und die Flussschläuche werden aus den Verankerungen gerissen. Die Flussschläuche beginnen wieder zu wandern, daher nennt man diesen Effekt auch „Flusswandern". In der praktischen Anwendung wird dieser Strom oft als kritischer Strom definiert.

Durch die Bewegung der Flussschläuche entsteht lokal ein zeitlich veränderliches Magnetfeld im Supraleiter, welches nach dem Faraday'schen Gesetz

$$\nabla \times \boldsymbol{E} = \frac{\partial \boldsymbol{B}}{\partial t} \tag{2.2}$$

ein elektrisches Feld $\boldsymbol{E}$ induziert. Dieses beschleunigt freie Elektronen, die wiederum Energie in Form von Wärme abgeben. Es entstehen also Verluste durch sich bewegende Flussschläuche. Dabei ist es unerheblich, ob die Bewegung durch das Eigenfeld eines Transportstroms oder durch ein externes Magnetfeld (Fremdfeld) verursacht wird.

Die induzierte elektrische Feldstärke $\boldsymbol{E}$ wird als Widerstand des Supraleiters wahrgenommen. Die Widerstandscharakteristik des Leiters ist nahezu null, bis die Stromdichte im Leiter sich der kritischen Stromdichte annähert und die Flussschläuche anfangen, sich zu bewegen. Ab diesem Zeitpunkt steigt der Widerstand des Leiters stark nichtlinear an.

Um den kritischen Strom eines Supraleiters zu erhöhen beziehungsweise die Verluste zu verringern, werden gezielt Haftzentren in die supraleitende Schicht eingebracht. Diese künstlichen Störstellen verhindern die unerwünschte Bewegung der Flussschläuche und erhöhen den kritischen Strom eines Leiters. Das Einbringen dieser Haftzentren ist inzwischen ein wichtiger Faktor in der Entwicklung neuer Supraleiter geworden.

Somit muss ein Supraleiter der 2. Art innerhalb der kritischen Temperatur T_c, der kritischen magnetischen Flussdichte B_{c2} und des kritischen Stroms I_c bzw. der kritischen Stromdichte J_c betrieben werden. Diese drei Größen spannen einen Raum auf, in dem der Arbeitspunkt liegt. In Abbildung 2.3 ist das schematische Zusammenspiel der drei kritischen Größen, sowie der dadurch aufgespannte Raum, dargestellt.

Um Schwankungen der Stromstärke und der Temperatur zu überstehen, wird der Arbeitspunkt mit etwas Abstand zu den kritischen Größen gewählt. Man plant eine sogenannte Temperaturreserve ΔT und eine Stromreserve ΔJ ein [SCH-09].

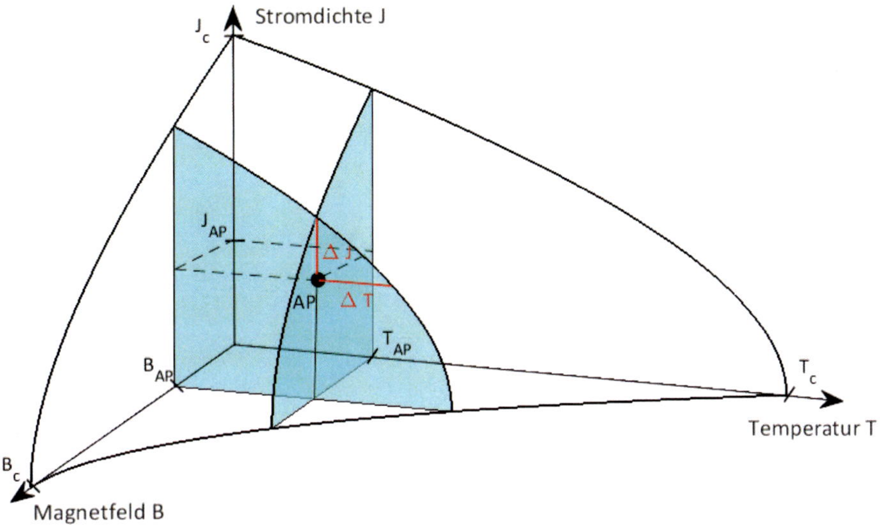

Abbildung 2.3: Schematische Darstellung des Zusammenspiels der drei kritischen Größen T_c , B_{c2} und I_c. Der Arbeitspunkt des Supraleiters liegt innerhalb des aufgespannten Raums (mod. nach [IWA-09]).

2.1.1 Kritisches Zustandsmodell

Um die Stromdichteverteilung und das Magnetfeld innerhalb eines Supraleiters beschreiben zu können, entwickelte C.P. Bean 1962 ein vereinfachtes mathematisches Modell [BEA-62, BEA-64].

Trifft ein Magnetfeld auf einen Supraleiter, werden Abschirmströme auf der Oberfläche des Leiters induziert, um das Magnetfeld aus dem Inneren der supraleitenden Region zu verdrängen. Dabei spielt es keine Rolle, ob das Magnetfeld ein Eigenfeld des Transportstroms oder ein externes Feld ist. Auf Grund der Abschirmströme wirkt eine Lorentzkraft F_L auf die Flussschläuche entlang der Oberfläche und zieht diese in Richtung Zentrum des Leiters. Damit vergrößert sich die Fläche für die Abschirmströme und die Stromdichte j reduziert sich. Erreicht die Stromdichte den Wert der kritischen Stromdichte J_c des Supraleiters, ist die Lorentzkraft F_L kleiner als die Pinningkraft der Störstellen F_P und die Bewegung der Flussschläuche kommt zum Stillstand.

In den Bereichen des Supraleiters, die von einem Magnetfeld durchdrungen werden, fließt ein Strom $\pm I_c$ bzw. mit einer Stromdichte $\pm J_c$. Dagegen verhalten sich die Bereiche des Supraleiters, die nicht von einem Magnetfeld durchdrungen werden, wie ein perfekter Diamagnet und es fließt kein Strom. Es gilt für die Stromdichte innerhalb des Supraleiters

$$|j| = \begin{cases} 0, & B = 0 \\ J_{\mathrm{c}}, & B \neq 0 \end{cases} \tag{2.3}$$

Dieses Modell wird auch das kritische Zustandsmodell (CSM) genannt, da die Stromdichte nur den Wert 0 oder den kritischen Wert J_{c} annehmen kann.

Im Folgenden lässt sich der Stromdichte- und Magnetfeldverlauf für ein einfaches Beispiel darstellen [GRI-20]. Dafür wird ein unendlich langes HTS-Band angenommen, welches einem externen Magnetfeld *H(t)* in z-Richtung ausgesetzt ist (siehe Abbildung 2.4). Das Band ist in z- und y-Richtung unendlich ausgedehnt, sodass die Stromdichte- und Magnetfeldprofile nur entlang der x-Achse berechnet werden müssen. Die generelle Gleichung

$$\nabla \times \boldsymbol{H} = \boldsymbol{j} \tag{2.4}$$

vereinfacht sich mit den Annahmen des Modells des kritischen Zustands zu

$$\frac{\partial H}{\partial x} = -j_{\mathrm{y}} \tag{2.5}$$

Das externe Magnetfeld dringt in den Supraleiter ein und induziert einen Abschirmstrom mit der konstanten Stromdichte J_{c}. In Abbildung 2.4 sind die Profile für sechs Zeitpunkte dargestellt.

Beginnend bei Zeitpunkt t_1 und $H = 0$ erhöht sich das Magnetfeld bis t_3 und $H = \widehat{H}$. Je größer das externe Magnetfeld ist, desto weiter dringt es in den Supraleiter ein.

Reduziert man das Feld danach wieder auf null (Zeitpunkt t_4) bleibt ein Restfeld im Supraleiter bestehen, welches abhängig von der Amplitude des vorangegangenen Feldverlaufs ist. Verringert man das externe Feld weiter, erhält man Feldverläufe mit entgegengesetzten Ausrichtungen innerhalb des Leiters. Ist die negative Amplitude (Zeitpunkt t_6 und $H = -\widehat{H}$) erreicht, ist auch das Feldprofil des Leiters komplett invertiert. Abhängig von der Eindringtiefe und der Ausrichtung der Magnetfelder stellt sich ein Strom $\pm I_{\mathrm{c}}$ ein, siehe Abbildung 2.4 Diagramm b und c.

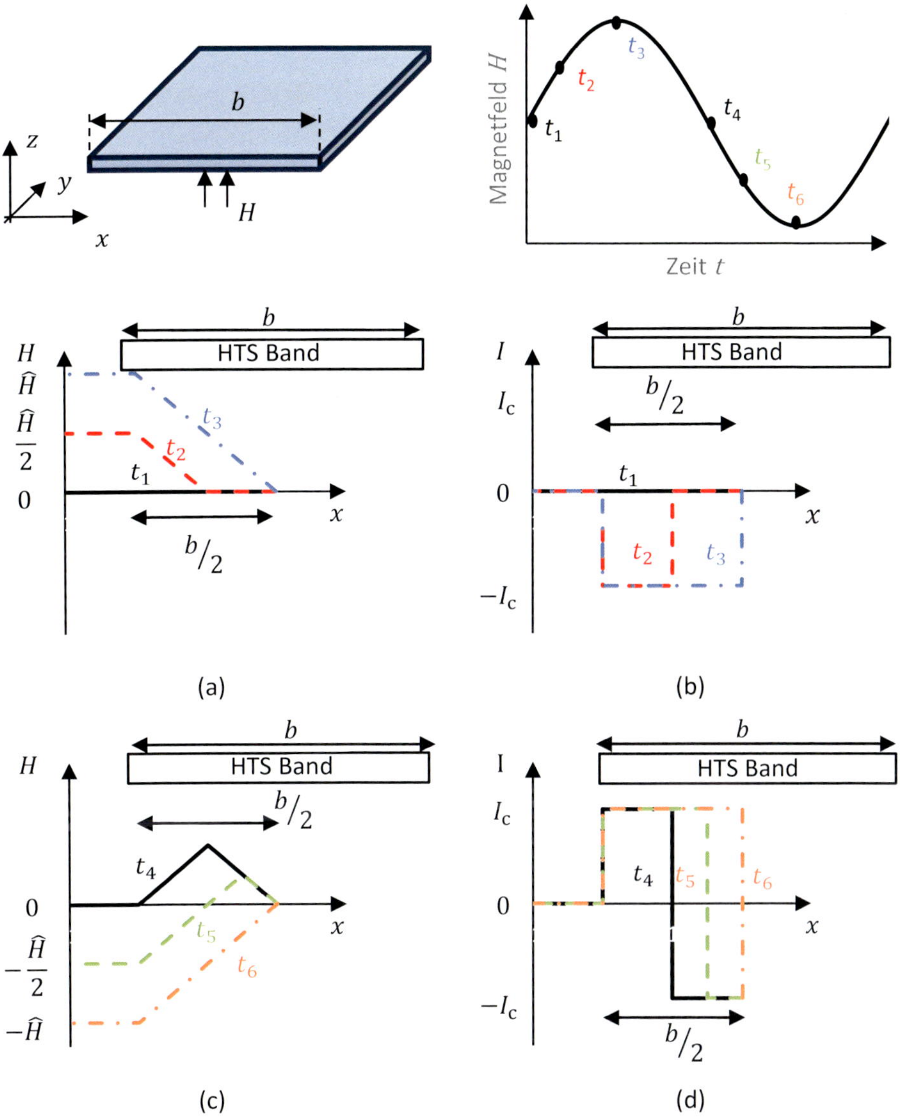

Abbildung 2.4: Schematische Darstellung des Strom- und Magnetfeldprofils eines HTS-Bands, das einem parallelen Fremdfeld ausgesetzt ist. Die Profile sind für sechs Zeitpunkte dargestellt.

2.1.2 *E-j*-Modell

Im Modell des kritischen Zustands von Bean wird davon ausgegangen, dass auf alle Flussschläuche die gleiche Pinningkraft wirkt und somit ein harter Übergang zwischen keinem Stromfluss und einem kritischen Stromfluss I_c entsteht. Es hat sich allerdings gezeigt, dass das Wandern von Flussschläuchen schon auf Grund einer reduzierten Pinningkraft durch thermische Beeinflussung des Atomgitters früher einsetzen kann. Dieses Phänomen nennt man Flusskriechen und wird durch eine nichtlineare Beziehung des Stroms zum elektrischen Feld berücksichtigt [BRA-99, GUR-97] (siehe Abbildung 2.5a)

$$\boldsymbol{E} = E_\mathrm{c}(\frac{\boldsymbol{j}}{J_\mathrm{c}(B,T)})^n \tag{2.6}$$

Dabei entspricht E_c der kritischen elektrischen Feldstärke und die kritische Stromdichte J_c wird als eine vom magnetischen Feld und der Temperatur abhängigen Größe angegeben. In der Praxis hat es sich durchgesetzt, von einem Wechsel des supraleitenden Zustands in den normalleitenden Zustand zu sprechen, sobald die elektrische Feldstärke einen festgelegten Grenzwert E_c überschritten hat. Dieser wird üblicherweise angegeben mit

$$E_\mathrm{c} = 1\frac{\mu\mathrm{V}}{\mathrm{cm}} \tag{2.7}$$

Der Exponent n wird als n-Wert bezeichnet und liegt bei REBCO-Bandleitern typischerweise zwischen 10 und 50. Der n-Wert ist ein Indikator für die Steilheit des Spannungsanstiegs im Fall einer Widerstandserhöhung (siehe Abbildung 2.5b). Dabei korrespondiert $n = 1$ mit einem rein resistiven Material und $n \rightarrow \infty$ mit einem rein supraleitenden Material entsprechend der Theorie des kritischen Zustands.

Messungen an der University of Wellington haben eine Abhängigkeit des Exponenten von der Höhe und der Orientierung des magnetischen Felds ergeben [STR-14, WIM-17]. In [WAN-13b] wird auch ein Ansatz zur analytischen Berechnung dieser Abhängigkeit beschrieben. Generell finden sich jedoch nur vereinzelt Hinweise, Untersuchungen oder Messungen zu diesem Thema. Oftmals wird bei der numerischen Berechnung deshalb ein fester Durchschnittswert für den n-Wert angenommen.

Die nichtlineare Beziehung der Gleichung (2.6) zwischen elektrischer Feldstärke $\boldsymbol{E}$ und der Stromdichte $\boldsymbol{j}$, kombiniert mit den Maxwell Gleichungen

$$\nabla \times \boldsymbol{E} = -\frac{\partial \boldsymbol{B}}{\partial t} \tag{2.8}$$

$$\nabla \times \boldsymbol{B} = \mu_0 \boldsymbol{j} \tag{2.9}$$

und entsprechenden Randbedingungen ergeben das vollständige E-j-Modell für Supraleiter [SJÖ-05]. Das Ergebnis dieser dreidimensionalen partiellen Differentialgleichung ist abhängig von den Materialparametern J_c und n sowie der Geometrie des supraleitenden Objekts.

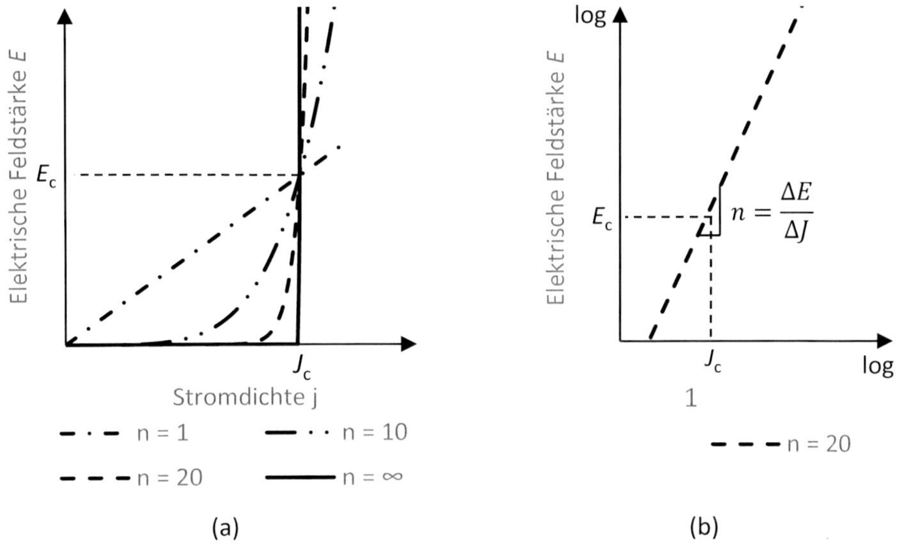

Abbildung 2.5: Schematische Darstellung des nichtlinearen Zusammenhangs der elektrischen Feldstärke E und der Stromdichte j. In (a) ist der Verlauf für unterschiedliche n-Werte dargestellt. In (b) kann der n-Wert über die Steigung des Logarithmus der elektrischen Feldstärke E und der Stromdichte j berechnet werden.

2.1.3 Magnetfeldabhängigkeit der Supraleiter

Ein weiterer Nachteil des Modells von Bean ist die Annahme eines konstanten kritischen Stroms. Messungen der kritischen Stromdichte I_c von Bandleitern mit unterschiedlichen HTS-Materialien zeigen eine starke Abhängigkeit von der Höhe und Ausrichtung des magnetischen Felds [MAI-05, SEL-09, SEL-12].

Diese Entdeckung wurde schon früh gemacht und auch von Bean selbst anerkannt [BEA-64]. Ein erstes Model, zur Beschreibung dieser Abhängigkeit entwickelte 1962 Y. B. Kim auf der Basis eigener Experimente mit Typ II Tieftemperatursupraleiter [KIM-62, KIM-63, AND-64]. Für die Abhängigkeit des kritischen Stroms von der magnetischen Flussdichte $|B|$ und der Temperatur T entwickelte er folgende Gleichung

$$J_\mathrm{c}(\mathrm{B},\mathrm{T}) = J_{\mathrm{c}0}(T)(1+\frac{|B|}{B_0})^{-1} \quad \textbf{(2.10)}$$

Dabei ist B_0 eine Konstante zur Anpassung der Kurve an die gemessenen Werte, $J_{c0}(T)$ ist die Stromdichte bei Eigenfeld des Leiters und der Temperatur T. Zur gleichen Zeit entwickelte Anderson eine Theorie, basierend auf die thermische Beeinflussung der Pinningkräfte von Flussschläuchen, zur Abschätzung von $J_{c0}(T)$ [AND-62]. Um die Temperaturabhängigkeit der kritischen Stromdichte $J_{c0}(T)$ bei REBCO-Bandleitern zu modellieren wird heutzutage allerdings oftmals folgender Zusammenhang verwendet [BON-17]

$$J_{\mathrm{c}0}(\mathrm{T}) = J_{\mathrm{c}0}(\frac{T_\mathrm{c}-T}{T_\mathrm{c}-T_0}) \quad \textbf{(2.11)}$$

Dabei entspricht T_0 der Temperatur des Kühlmediums (bei REBCO-Bandleitern meistens flüssiger Stickstoff), T_c ist die kritische Temperatur des REBCO-Materials und J_{c0} ist die kritische Stromdichte des Leiters bei Eigenfeld und $T = T_0$.

Berücksichtigt man diese Magnetfeldabhängigkeit des kritischen Stroms und kombiniert die Gleichung (2.10) mit dem kritischen Zustandsmodell von Bean, ist die Stromdichte j nicht mehr zwangsläufig konstant und passt sich der Höhe des Magnetfelds an.

Das Modell von Kim beschreibt die Magnetfeldabhängigkeit von Tieftemperatursupraleitern, allerdings zeigen Hochtemperatursupraleiter auch eine starke Abhängigkeit von der Ausrichtung des Felds (siehe Abbildung 2.6). Die Anisotropie des kritischen Stroms ist dabei hauptsächlich durch den Herstellungsprozess des Bands beeinflusst und daher schwierig vorherzusagen beziehungsweise zu berechnen [ZHA-18]. Eine mögliche Erklärung der Anisotropie, auf Grund des Einflusses und der Ausrichtung der Lorentzkraft auf die Flussschläuche, wird in [TAC-89, SOT-16, BLA-94] erläutert. Die Magnetfeldabhängigkeit von J_c ist für viele Bandleiter inzwischen messtechnisch ermittelt worden und mit weiteren Messdaten auf einer öffentlichen Plattform zur Verfügung gestellt [WIM-17].

In [GRI-14b] wird eine Methode vorgestellt, um aus diesen experimentellen Daten entsprechende Parameter zu filtern und mit Hilfe der elliptischen Funktion

$$\boldsymbol{J}_\mathrm{c}(B_\parallel, B_\perp, \mathrm{T}) = \frac{J_{\mathrm{c}0}(T)}{(1+\frac{\sqrt{(k\,\boldsymbol{B}_\parallel)^2+\boldsymbol{B}_\perp^2}}{\boldsymbol{B}_\mathrm{c}})^e} \quad \textbf{(2.12)}$$

eine Annäherungsfunktion für die Anisotropie des kritischen Stroms zu erstellen. Auch hier ist $J_{c0}(T)$ wieder die kritische Stromdichte des Leiters bei Eigenfeld und der Temperatur T, die Parameter k, B_c und e werden aus den Messdaten gefiltert. Dabei steht k für die Anisotropie des Bands, B_c repräsentiert das Eigenfeld und e ist ein Anpassungsparameter.

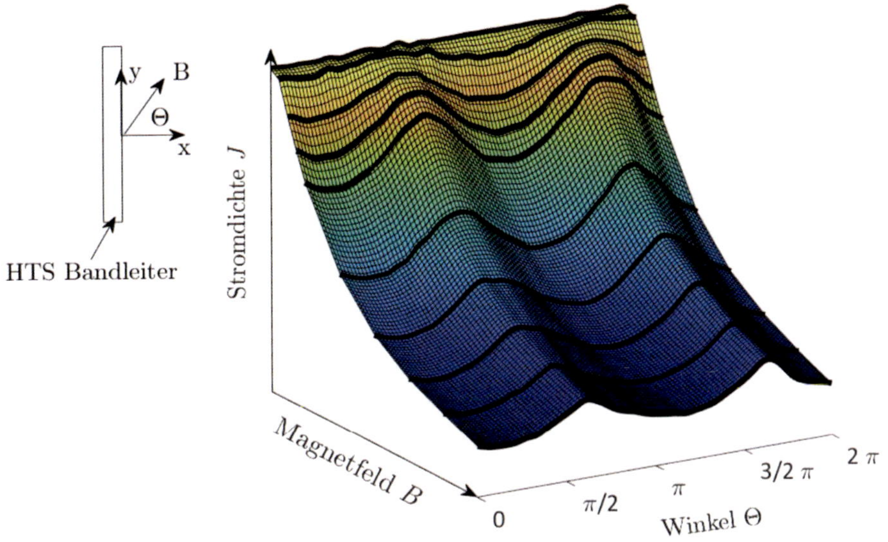

Abbildung 2.6: Schematische Darstellung der Stromdichte $J_{c0}(T,B)$ und deren Abhängigkeit von der Höhe und der Ausrichtung der magnetischen Flussdichte B. Die schwarzen Linien sind aufgenommene Messdaten aus [WIM-17] für einen Theva-Bandleiter, die dargestellte Fläche entspricht den interpolierten Werten.

2.2 Verlustmechanismen

Für die Auslegung supraleitender Anwendungen spielt der Wärmeeintrag in das kryogene System eine entscheidende Rolle. Dieser beeinflusst maßgeblich die Auslegung des Kühlsystems und bildet damit einen großen Kostenpunkt der Gesamtanlage. Der Wärmeeintrag setzt sich dabei aus einem thermischen Eintrag durch die Kryostatwand sowie aus elektromagnetischen Verlusten zusammen. In der folgenden Arbeit werden nur elektromagnetische Verluste auf Grund einer AC-Belastung behandelt.

Der HTS-Bandleiter besteht, neben der supraleitenden Schicht, aus unterschiedlichen, teils magnetisch und teils elektrisch leitfähigen, Materialien. Dadurch ergeben sich auch unterschiedliche Ursachen für Verluste. Diese können in vier Kategorien untergliedert werden: Hystereseverluste, Wirbelstromverluste, ferromagnetische Verluste und Kopplungsverluste.

2.2.1 Hystereseverluste

Hystereseverluste, oder auch AC-Verluste, treten auf, sobald Flussschläuche innerhalb des Leiters anfangen sich zu bewegen. Dafür müssen Flussschläuche aus ihren Verankerungen gerissen werden, entweder durch ein externes, zeitlich veränderliches Magnetfeld oder durch das Eigenfeld, hervorgerufen durch einen zeitlich veränderlichen Transportstrom $i(t)$. Daher werden Hystereseverluste auch untergliedert in Transportstromverluste und Fremdfeldverluste. Die auftretenden Effekte des „Flusswanderns" und des „Flusskriechens" werden in Kapitel 2.1 und 2.1.2 beschrieben. Hystereseverluste können nur bei Typ-II Supraleitern auftreten. Bei Typ-I Supraleiter dringen keine Flussschläuche in den Supraleiter ein und verursachen dementsprechend auch keine Verluste.

Hystereseverluste bilden bei niedrigen Frequenzen den Hauptanteil der elektromagnetischen Verluste des Supraleiters und werden daher in dieser Arbeit als einzige Verlustkomponente berücksichtigt. Geeignete Berechnungsmethoden für AC-Verluste werden in Kapitel 2.3 vorgestellt.

2.2.2 Wirbelstromverluste

Supraleitende REBCO-Bänder bestehen, neben der supraleitenden Schicht, auch aus normalleitenden Schichten. So werden oftmals Kupferummantelungen auf die Bandleiter aufgetragen, um einen thermischen, elektrischen und physischen Schutz zu realisieren (siehe dazu auch Kapitel 2.1).

Werden normalleitende Schichten einem zeitveränderlichen Magnetfeld ausgesetzt, induzieren sich Wirbelströme in dem Material und verursachen zusätzliche elektrische Verluste. Die Berechnung dieser Wirbelstromverluste ist in der Auslegung elektromagnetischer Anwendungen, zum Beispiel bei Elektromotoren, bekannt. Dabei werden die gleichen Lösungsansätze gewählt wie bei der Berechnung der Hystereseverluste: mit Hilfe einer FEM werden die elektromagnetischen Zustandsvariablen des Systems berechnet und daraus die Verluste ermittelt.

Für den Fall eines stromdurchflossenen kupferummantelten REBCO-Bandleiters hat K.-H. Müller 1997 eine analytische Berechnung der Wirbelstromverluste vorgestellt [MÜL-97]

$$P_{\mathrm{W}} = \frac{4\mu_0^2}{\pi}\frac{d_{\mathrm{cu}} b f^2}{\rho_{\mathrm{cu}}} I_{\mathrm{c}}^2 h(\frac{\hat{I}}{I_{\mathrm{c}}}) \tag{2.13}$$

mit d_{cu} als Dicke der Kupferschicht, b als Breite des Bandleiters und ρ_{cu} als spezifischer Widerstand des Kupfers. Dabei entspricht $h(\frac{\hat{I}}{I_{\mathrm{c}}})$ einer komplexen Form des normalisierten Transportstroms, mit $\hat{I}$ als Amplitude des sinusförmigen Wechselstroms. Somit sind die Wechselstromverluste in den normalleitenden Schichten eines Bandleiters proportional zur zweiten Potenz der Frequenz und umgekehrt proportional zum elektrischen Widerstand.

Untersuchungen haben gezeigt, dass der Anteil der Wirbelstromverluste zu den Gesamtverlusten für Frequenzen $f < 200$ Hz bei unter 5 % vernachlässigbar klein ist [STA-98a, STA-98b]. Zudem werden Wirbelstromverluste durch eine geschickte Anordnung der Bänder verringert. So können etwa Kabel verdrillt werden, um die magnetische Beeinflussung der normalleitenden Schichten zu reduzieren. Daher werden Wirbelstromverluste in dieser Arbeit nicht weiter betrachtet.

2.2.3 Ferromagnetische Verluste

In supraleitenden Anwendungen können magnetische Materialien vorkommen, sei es als eigenständige Komponente in Motoren und Generatoren oder als Schicht des Bandleiters. Manche REBCO-Bandleiter haben auf Grund des Herstellungsverfahrens eine magnetische Substratschicht, zudem können Bi-223- oder MgB_2-Leiter mit magnetischen Stabilisierungsschichten ausgestattet sein.

Magnetische Materialien beeinflussen das Magnetfeldprofil innerhalb der Supraleiterbänder und haben damit Auswirkungen auf die Hystereseverluste. Diese können positiv oder negativ sein, je nachdem, ob das Magnetfeldprofil kompensiert oder verstärkt wird. In beiden Fällen müssen sie bei der Berechnung der Hystereseverluste berücksichtigt werden.

Das magnetische Material hat auch eigene Hystereseverluste, die in den Gesamtverlusten eine entscheidende Rolle spielen können. In [DUC-05] wurden dafür bestromte YBCO Bandleiter mit unterschiedlichen Nickel-Legierungen als Substrat untersucht. Bei einem normierten Strom von $\frac{\hat{I}}{I_c} < 0{,}3$ lag dabei der Anteil der ferromagnetischen Verluste bei über 50 % der Gesamtverluste.

In der vorliegenden Arbeit werden nur Bandleiter ohne ferromagnetische Schichten verwendet und auch sonstige ferromagnetische Materialien sind nicht vorhanden. Daher werden die ferromagnetischen Verluste nicht weiter berücksichtigt.

2.2.4 Kopplungsverluste

Bei Multifilamentleitern oder unterteilten REBCO-Bandleitern, Bandleiter deren supraleitende Schicht mechanisch in schmale Längsstreifen geteilt wurden, können sogenannte Kopplungsverluste auftreten. Dabei induziert ein äußeres magnetisches Wechselfeld zwischen den einzelnen Filamenten oder Streifen ein elektrisches Feld. Dieses treibt einen Strom durch die oftmals metallische Matrix, in die die Filamente eingelassen sind. Es bildet sich ein Stromkreis zwischen den supraleitenden Schichten und der normalleitenden Matrix zwischen den Schichten als Übergang. Die dabei entstehenden ohmschen Verluste in der normalleitenden Matrix werden Kopplungsverluste genannt. Messtechnisch ist es schwierig, diese Kopplungsverluste von den Wirbelstromverlusten zu unterscheiden. Beide Verlustarten basieren auf induzierten Strömen in einer normalleitenden Schicht und sind damit von der Frequenz abhängig. Auch die Berechnung der Verluste ist oftmals aufwendig. Einen Überblick über Berechnungsmethoden liefert [ZOL-04].

Für gestapelte Bandleiter, sogenannte Stacks, wurden die Kopplungsverluste in [LI-21] untersucht. Messungen haben gezeigt, dass bei einem kleinen Übergangswiderstand zwischen den supraleitenden Schichten die Kopplungsverluste gegenüber den Hystereseverluste vernachlässigbar klein sind.

In [YAN-20] wurden die Kopplungsverluste für CorC-Kabel untersucht (für Informationen über CorC-Kabel siehe Kapitel 3.6). Hierbei hat sich ergeben, dass die helikale Struktur mit einer kurzen Ganglänge die Verluste stark minimiert. Generell sind die Kopplungsverluste bei niedrigen Frequenzen (< 1 kHz) vernachlässigbar klein gegenüber den Hystereseverluste.

In dieser Arbeit werden die Kopplungsverluste vernachlässigt, da die Wechselstromverluste nur für niedrige Frequenzen untersucht werden.

2.3 Berechnungsmethoden für AC- Verluste bei Supraleitern

Generell können die AC-Verluste eines Supraleiters mit dem Volumen V, über die Stromdichte $\boldsymbol{j}$ sowie die induzierte elektrische Feldstärke $\boldsymbol{E}$ berechnet werden:

$$\mathrm{p(t)} = \int_V \boldsymbol{j}\,\boldsymbol{E}\,d^3\boldsymbol{r} \tag{2.14}$$

Es gibt unterschiedliche Ansätze, um die Zustandsvariablen $\boldsymbol{E}$ und $\boldsymbol{j}$ des Supraleiters zu ermitteln. Während bei Tieftemperatursupraleitern das Modell des kritischen Zustands als Modellbeschreibung ausreicht, muss für Hochtemperatursupraleiter auf das E- j -Modell und gegebenenfalls auf eine geeignete $J_c(B,T)$ Formulierung zurückgegriffen werden, siehe Abbildung 2.7.

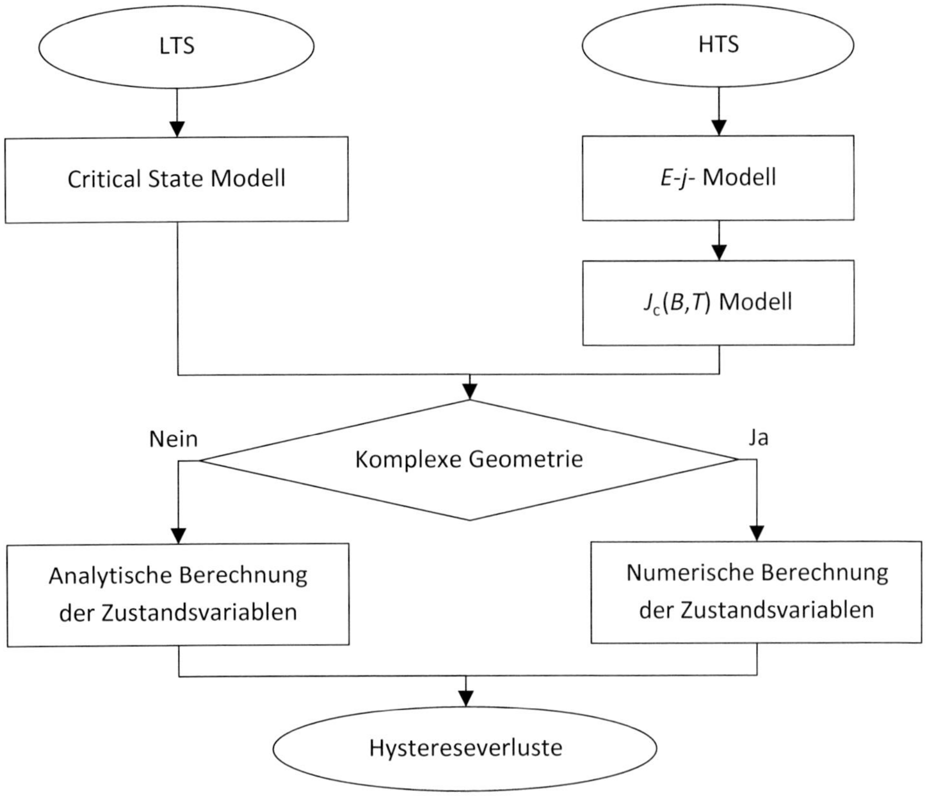

Abbildung 2.7: Schematischer Ablauf der Berechnung von Hystereseverluste.

Bei einfachen Geometrien gibt es teilweise analytische Lösungen für die Hystereseverluste. Dabei wird die Geometrie auf ein 2D-Modell reduziert und die entsprechendenStrom- und Feldverteilungen innerhalb der Supraleiter berechnet, um daraus Gleichungen für Hystereseverluste abzuleiten.

Für einen dünnen rechteckigen oder elliptischen Bandleiter mit einem Transportstrom *i(t)* entwickelte Norris [NOR-70] eine Gleichung zur Berechnung der AC-Verluste. Diese basiert auf dem Modell des kritischen Zustands und setzt voraus, dass der kritische Strom I_c unabhängig von einem Magnetfeld ist. Die Verlustleistung pro Längeneinheit in $\frac{W}{m}$, wird angegeben mit:

$$P_v(\hat{I}, I_c) = \frac{I_c^2 f \mu_0}{\pi}((1-F)\ln(1-F) + (1+F)\ln(1+F) - F^2) \quad \textbf{(2.15)}$$

$$P_v(\hat{I}, I_c) = \frac{I_c^2 f \mu_0}{\pi}((1-F)\ln(1-F) + (2-F)\frac{F}{2}) \text{ mit } F = \frac{\hat{I}}{I_c} \quad \textbf{(2.16)}$$

Den Fall eines dünnen Bandleiters in einem senkrecht dazu stehenden Magnetfeld untersuchten Halse und Brandt in [HAL-70, BRA-93] und entwickelten für die Verlustleistung folgende Formel:

$$P_\mathrm{v}(\widehat{H}, I_c) = \mu_0 b I_c f \widehat{H}(\frac{2}{x}\ln(\cosh(x)) - \tanh(x)) \quad \textbf{(2.17)}$$

Dabei entspricht $\widehat{H}$ der Amplitude des externen Magnetfelds und

$$x = \frac{\widehat{H}}{H_c} = \frac{\pi \widehat{H}}{J_c d} \quad \textbf{(2.18)}$$

mit *b* als Bandbreite und *d* der Banddicke. Die Einheit von P_v beträgt $\frac{W}{m}$.

Für spiralförmig gewickelte Anordnungen, wie sie bei HTS-Kabeln häufig zu finden sind, wird in [VEL-95] ein analytischer Ansatz vorgestellt. Die auf einen Former gewickelten Bänder werden dabei als Hohlzylinder angenommen und die Verlustleistung berechnet mit:

$$P_v(\hat{I}, I_c) = \frac{n f \mu_0}{2\pi}\frac{I_c^2}{h^2}((2-Fh)Fh + 2(1-Fh)\ln(1-Fh)) \quad \textbf{(2.19)}$$

$$\text{mit } F = \frac{\hat{I}}{I_c} \text{ und } h = \frac{D^2 - D_0^2}{D^2} \tag{2.20}$$

Dabei entspricht D dem Durchmesser des Gesamtzylinders, D_0 dem Durchmesser des Formers, auf den das Band aufgewickelt wird und n ist die Anzahl an gewickelten Bändern. Dieser Ansatz wird in der Literatur oftmals als *Monoblock-Modell* bezeichnet. Allerdings werden bei diesem Ansatz die Lücken zwischen den gewickelten Bändern vernachlässigt sowie unterschiedliche Wicklungsrichtungen bei mehrlagig gewickelten Leitern nicht berücksichtigt.

Analytische Berechnungsmethoden haben den Nachteil, dass der Anwendungsfall oftmals stark vereinfacht wird, um ein 2D-Geometriemodell zu erhalten. Zudem sind externe Felder als homogen anzusehen und das Supraleitermodell basiert in den meisten Fällen auf dem Modell des kritischen Zustands.

Sind die Geometrien oder die mathematischen Modelle zur Beschreibung des Supraleiters komplexer, ist eine numerische Lösungsmethode notwendig. Die dafür eingesetzten numerischen Methoden generieren aus den mathematischen Modellen ein System aus Gleichungen, das gelöst werden muss. Als mathematische Beschreibung werden zumeist die Maxwell-Gleichungen zur Modellierung der elektromagnetischen Felder in Kombination mit dem E-j-Modell als Beschreibung des supraleitenden Verhaltens eingesetzt. Die Modelle können als gewöhnliche oder partielle Differentialgleichung (ODE oder PDE), in Integralform oder als Kombination daraus angegeben werden. Abhängig davon, ob die Zustandsvariable des Differentialgleichungssystems eine Feldvariable (magnetische Feldstärke $\boldsymbol{H}$ beziehungsweise elektrische Feldstärke $\boldsymbol{E}$) oder ein Potential ist (elektrisches Skalarpotential $\boldsymbol{\varphi}$ beziehungsweie magnetisches Vektorpotential $\boldsymbol{A}$), haben sich unterschiedliche Formulierungen zur Lösung der Maxwell-Gleichungen etabliert (siehe Tabelle 2.1).

Im Laufe der Jahre wurden diverse numerische Methoden entwickelt, um die Gleichungssysteme zu lösen. Die Gemeinsamkeit dieser Methoden besteht in der Berechnung einer diskreten Annäherung an die exakte Lösung durch eine Diskretisierung des Problems in Form eines Berechnungsnetzes entlang der Geometrie.

Die starke Formulierung einer Differentialgleichung wird mit der Finite-Differenzen-Methode oder der Momentenmethode [BRA-96] gelöst. Bei einer schwachen Formulierung der Differentialgleichung ist die Finite-Elemente-Methode eine geeignete numerische Methode [STA-02, KAJ-03, HON-06]. Einen Überblick bestehender

Berechnungsmethoden geben [MIK-13] für analytische und [GRI-14a] für numerische Methoden.

Tabelle 2.1: Etablierte Formulierungen zur Lösung der Maxwell-Gleichungen mit numerischen Modellen [GRI-16].

Formulierung	Gleichung	Definition
$\boldsymbol{A}$-V	$\nabla^2 \boldsymbol{A} = \mu\sigma(\frac{\partial \boldsymbol{A}}{\partial t} + \nabla V)$	$\boldsymbol{B} = \nabla \times \boldsymbol{A}$ $\boldsymbol{E} = -\frac{\partial \boldsymbol{A}}{\partial t} - \nabla V$ $\sigma = \sigma(E)$
$\boldsymbol{T}$-ϕ	$\nabla \times \rho \nabla \times \boldsymbol{T} = -\mu \frac{\partial (T - \nabla \phi)}{\partial t}$ $\nabla^2 \phi = 0$	$\boldsymbol{J} = \nabla \times \boldsymbol{T}$ $\boldsymbol{H} = -\nabla \phi$ $\rho = \rho(J)$
$\boldsymbol{E}$-Feld	$\nabla \times \nabla \times \boldsymbol{E} = -\mu \frac{\partial (\sigma \boldsymbol{E})}{\partial t}$	$\frac{\partial \boldsymbol{B}}{\partial t} = -\nabla \times \boldsymbol{E}$ $\sigma = \sigma(E)$
$\boldsymbol{H}$-Feld	$\nabla \times \rho \nabla \times \boldsymbol{H} = -\mu \frac{\partial \boldsymbol{H}}{\partial t}$	$\boldsymbol{j} = \nabla \times \boldsymbol{H}$ $\rho = \rho(j)$

Auch wenn die FE-Methode beliebig komplexe, supraleitende Geometrien abbilden kann, hat sie den Nachteil von teilweise sehr langen Berechnungszeiten. Das große Verhältnis zwischen der Breite zur Dicke der supraleitenden Schicht erzwingt ein dichtes Berechnungsnetz. Ist die Anzahl an Bändern und der Querschnitt der Geometrie entsprechend groß, steigt die Anzahl an Knoten im Netz rapide und die FEM-Berechnung kann bis zu mehreren Tagen dauern.

In [ZER-13] wird eine Methode zur Homogenisierung einer großen Anzahl an REBCO-Bändern vorgestellt, um die Berechnungszeit zu reduzieren. Dabei werden aufeinander gestapelte Bänder in einen homogenen, supraleitenden Block überführt. Durch eine Anpassung der kritischen Stromdichte bleibt das elektromagnetische Verhalten des Blocks identisch mit dem Verhalten der gestapelten Bänder. Die Diskretisierung ist jedoch wesentlich einfacher durchzuführen und es wird ein kleineres Berechnungsnetz benötigt. Der Berechnungsfehler der Verluste eines homogenen supraleitenden Blocks gegenüber dem vollständigen Modell der Bänder liegt bei ≤ 1 %, während die Berechnungszeit im Minutenbereich bleibt.

Eine integrale Gleichung zur Lösung der Zustandsvariablen mit der Momentenmethode hat Brandt in [BRA-94, BRA-96] vorgeschlagen. Dabei wird für die einfache Geometrie eines dünnen, unendlich langen Bands die zeitliche Ableitung der Stromdichte $\frac{\partial j}{\partial t}$ mit Hilfe des magnetischen Vektorpotentials $\boldsymbol{A}$ berechnet. Diesen Ansatz haben Otten und Grilli in [OTT-19b] erweitert, um die Stromdichteverteilung innerhalb eines rechteckigen Leiters sowie einem Zylinder zu berechnen. In [OTT-19a] wendet Otten die Berechnungsmethode zur Auslegung von supraleitenden Roebel-Kabeln an. In [SIA-10] haben Siahrang und Sirois ein darauf aufbauendes Gleichungssystem für spiralförmig gewickelte Bänder aufgestellt. Allerdings wird dabei nur von einer einzelnen Wicklungsschicht an Bändern ausgegangen, sodass unterschiedliche Wicklungsrichtungen bei mehrlagigen Leitern nicht berücksichtigt werden können.

Bei der Berechnung einer partiellen Differentialgleichung mit einer FEM oder FDM werden die Zustandsinformationen von Knoten zu Knoten bzw. von Element zu Element des Berechnungsnetzes weitergegeben. Das erfordert eine Vernetzung der kompletten Geometrie und damit auch von Bereichen, die eventuell nicht von Interesse sind. Das führt zu einer spärlich besetzten Zustandsmatrix und einem linearen Zusammenhang zwischen der Anzahl der Knoten im Berechnungsnetz und der Berechnungszeit [SIR-15]. Bei der Lösung von Integralgleichungen mit Hilfe der Momentenmethode beeinflussen Bereiche mit einer Quelle alle Berechnungsknoten, unabhängig von der Entfernung. Somit werden Berechnungsknoten nur in den interessanten Bereichen benötigt und die Anzahl an Knoten verringert sich. Allerdings ist die Zustandsmatrix voll besetzt und die Berechnungszeit steigt mindestens mit dem Quadrat der Anzahl an Berechnungsknoten [SIR-09].

In Kapitel 4 wird die integrale Methode zur Berechnung der Stromdichte $\boldsymbol{j}$ für drei unterschiedliche supraleitende Kabelgeometrien angewendet. Aufbauend auf dem Gleichungssatz von Otten und Siahrang wird das Gleichungssystem erweitert, um auch komplexere Geometrien, etwa mehrlagig gewickelte Bänder, darzustellen.

2.4 Verlustmessungen bei supraleitenden Anwendungen

Für eine qualifizierte Aussage über die Verluste einer supraleitenden Anwendung ist eine messtechnische Untersuchung des Versuchsobjekts unumgänglich. Aus praktischen Gründen, zum Beispiel auf Grund der technischen Umsetzbarkeit oder der Kosten, wird dafür oftmals eine kleinere skalierte Version des eigentlichen Versuchsobjekts genommen.

Für die Verlustmessung bei supraleitenden Anwendungen existieren zwei etablierte Ansätze mit unterschiedlichen Ausführungen, die im Folgenden kurz vorgestellt werden.

2.4.1 Elektrische Methode

Mit der elektrischen Methode können Verluste, hervorgerufen durch einen Transportstrom oder ein externes Magnetfeld, bestimmt werden. Dafür haben sich zwei Schaltkreise etabliert: die „Messspulen"-Methode [AME-18, YAN-04, JIA-04] oder die „Lock-In Verstärker"-Methode [AIN-12].

Um Verluste durch ein externes Magnetfeld zu bestimmen, wird die Messspulen-Methode angewendet (siehe Abbildung 2.8).

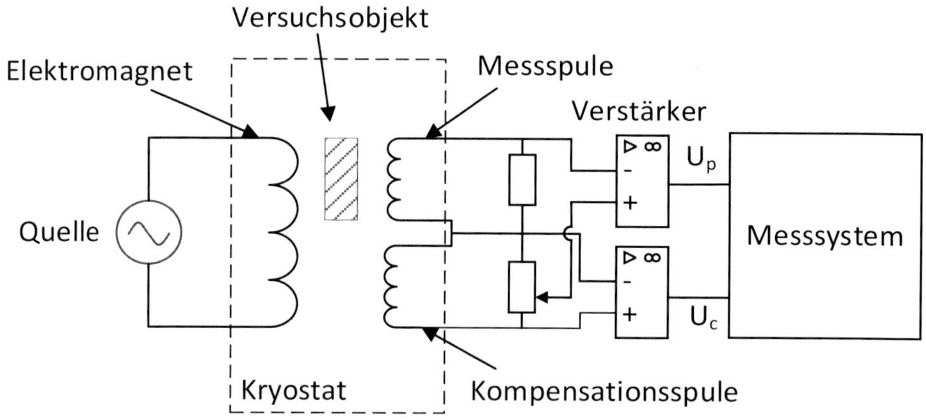

Abbildung 2.8: Schaltkreis der „Messspulen"-Methode zur Messung von Verlusten durch ein externes Magnetfeld (mod. nach [WAN-13a]).

Dabei wird durch einen Elektromagneten ein Magnetfeld erzeugt und das supraleitende Versuchsobjekt damit beaufschlagt. Um das Versuchsobjekt herum befindet sich eine Messspule, in die eine Spannung induziert wird. Eine koaxial zur Messspule angebrachte Kompensationsspule mit gleichen Abmessungen wird benötigt, um den induzierten Spannungsanteil des externen Magnetfelds zu kompensieren. Die Verlustleistung kann ermittelt werden mit [KAJ-99]

$$P_{\mathrm{mag}} = -\frac{A_Q G f}{V N \mu_0} \int_0^{\frac{1}{f}} (U_{\mathrm{p}} - k U_{\mathrm{c}}) B_{\mathrm{ext}} dt \tag{2.21}$$

Dabei entspricht V dem Volumen des Versuchsobjekts, A_{Q} der Querschnittsfläche der Messspule, N der Anzahl an Wicklungen der Messspule, U_{p} und U_{c} der induzierten Spannung der Messspule bzw. der Kompensationsspule, k einem Einstellungsfaktor und G einem geometrischen Korrekturfaktor, der abhängig von der Messspule und dem zu testenden Versuchsobjekt berechnet werden muss.

Mit der Lock-In Verstärker-Methode werden die Transportstromverluste ermittelt [MAJ-07, ŠOU-08] (siehe Abbildung 2.9). Dafür werden Strom und Spannung über dem Versuchsobjekt mit einem Lock-In-Verstärker gemessen.

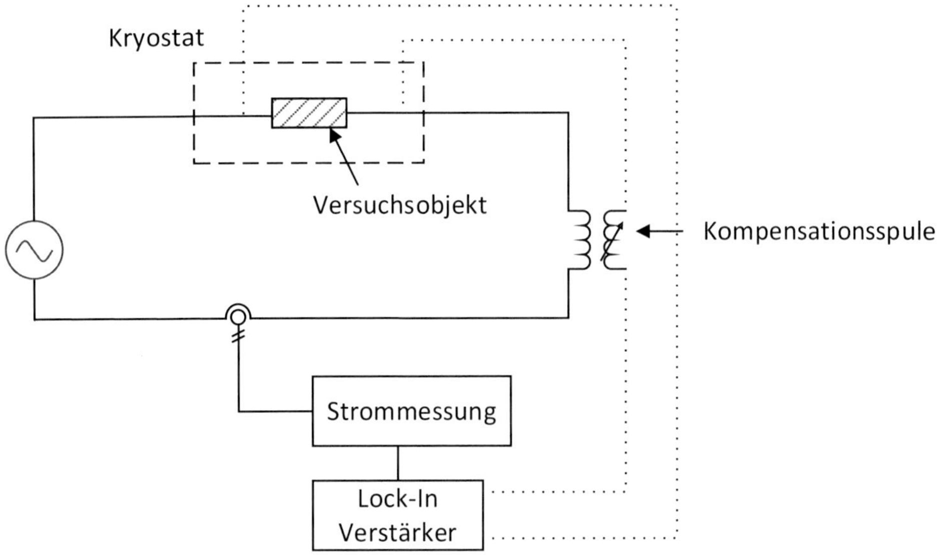

Abbildung 2.9: Schaltkreis der Lock-In Verstärker Methode zur Messung der Verluste verursacht durch einen Transportstrom (mod. nach [AIN-12]).

Dabei wird mit Hilfe des Lock-In-Verstärkers nur eine gewünschte Frequenz und Phase des schwachen Spannungssignals inklusive dem entsprechenden phasengleichen Stromsignal gemessen [AIN-12]. Der Verstärker nutzt eine Technik, die sich *„Phase Sensitive Detection“* (PSD) nennt, um die Frequenz und Phase anhand eines vorgegebenen Referenzsignals herauszufiltern und fungiert somit als schmalbandiger Bandpassfilter.

Die Verlustleistung kann berechnet werden mit

$$P_{trans} = \frac{I_{\mathrm{rms}} U_{\mathrm{rms}}}{L} \tag{2.22}$$

Dabei sind I_{rms} und U_{rms} der Effektivwert des aufgenommenen Strom- bzw. Spannungssignals und L die Länge des Versuchsobjekts.

2.4.2 Kalorimetrische Methode

Fließt durch ein supraleitendes Versuchsobjekt ein zeitabhängiger Transportstrom $i(t)$ oder existiert ein externes Magnetfeld $H(t)$, erzeugen die Verluste einen Temperaturanstieg am Supraleiter und das Kältemedium fängt an zu verdampfen. Beide Effekte können für eine Verlustmessung genutzt werden.

Die Bestimmung der Verlustleistung kann durch die Messung der Verdampfungsrate des Kühlmediums erfolgen [JON-63]. Dafür wird das aufsteigende Gas in einer Messkammer aufgefangen und die Durchflussrate mit einem Durchflussmessgerät für Gase gemessen (siehe Abbildung 2.10).

Um den gemessenen Gasdurchfluss einer Verlustleistung zuzuordnen, wird zuvor eine Referenzkurve aufgenommen. Ein bekannter Widerstand bringt dafür eine definierte Wärmeleistung in die Messkammer ein und man misst den sich einstellenden Durchfluss.

Die Methode, Verluste durch einen Temperaturanstieg am Supraleiter zu bestimmen, wurde in [MCC-75] das erste Mal beschrieben. Dabei werden am Supraleiter Differentialthermoelemente angebracht, die den Temperaturanstieg ΔT zu einer Referenztemperatur T_K messen, Abbildung 2.11. Für die Temperaturmessung müssen adiabatische Bedingungen gelten, daher wird ein gewisser Bereich des Supraleiters thermisch isoliert. An den jeweiligen Enden des adiabaten Bereichs werden zusätzlich Spannungsabgriffe angebracht. Die Referenzmessung des Differentialthermometers findet außerhalb der Isolierung im Kühlmedium statt, um einen stabilen Referenzpunkt zu haben.

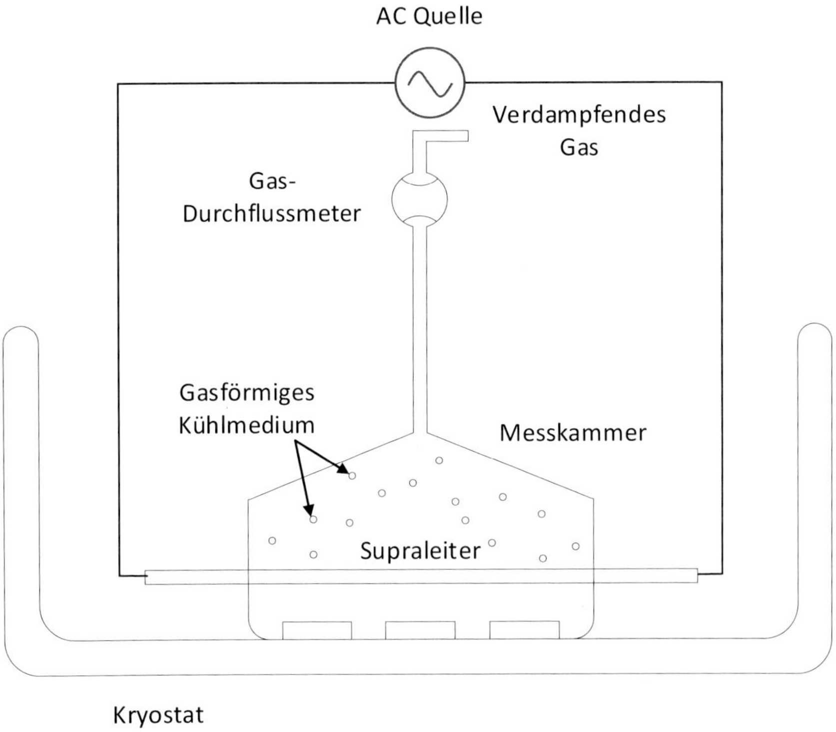

Abbildung 2.10: Schematische Darstellung der Messmethode zur Bestimmung der Verlustleistung durch Messung der Verdampfungsrate des Kühlmediums.

Durch die Verlustleistung des Supraleiters wird die Temperatur des Supraleiters ansteigen. Der Wärmetransport außerhalb des isolierten Bereichs sorgt dafür, dass dort kein Temperaturanstieg zu messen sein wird. Innerhalb des isolierten Bereichs ist der Wärmetransport schlecht und ein Temperaturanstieg messbar. Mit der Temperaturdifferenz ΔT kann die benötigte Wärmeleistung berechnet werden nach [MCC-75]

$$P_\mathrm{v} = \frac{8\,\kappa\,A_Q\,\Delta T}{L^2} \tag{2.23}$$

wobei κ der thermischen Leitfähigkeit, A_Q dem Querschnitt und L der Länge des Supraleiters entsprechen. Alternativ kann auch ein praktischer Ansatz gewählt werden: hierbei wird ΔT mit den Werten einer Referenzkurve verglichen, die zuvor aufgenommen wurde [ASH-00].

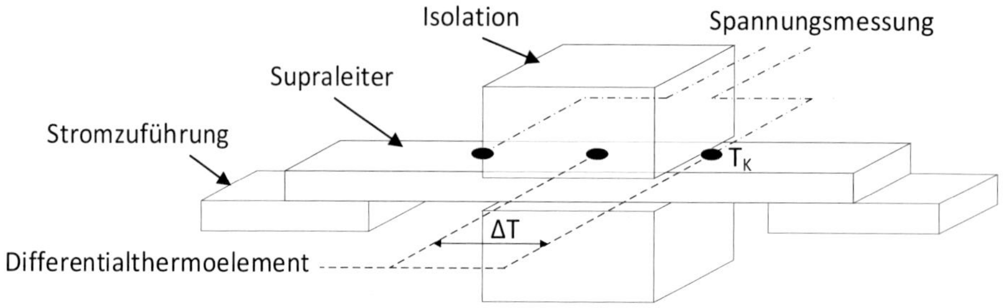

Abbildung 2.11: Schematische Darstellung der Messmethode zur Bestimmung der Verlustleistung durch Messung eines Temperaturanstiegs.

2.4.3 Vergleich der Messmethoden

Es wurden vier Methoden für die Messung der Verlustleistung von Supraleitern vorgestellt, die in die zwei Hauptkategorien „Elektrische Messmethoden" und „Kalorimetrische Messmethoden" untergliedert werden können.

Die elektrischen Messmethoden haben den Vorteil einer zügigen Messung mit einer hohen Genauigkeit. Allerdings ist der Messaufwand hoch, da Kompensationsspulen benötigt werden. Lock-In Verstärker können zudem nur eingesetzt werden, wenn der gemessene Strom und die Spannung phasengleich sind und das Signal ein rein sinusförmiges Signal ist. Die elektrische Messmethode ist sehr anfällig für elektromagnetische Störungen von außen. Daher wird diese Messmethode speziell bei kleinen Messproben eingesetzt.

Die kalorimetrische Messmethode kann dagegen bei supraleitenden Proben beliebiger Größe und Komplexität eingesetzt werden. Auch äußere elektromagnetische Felder haben keinen Einfluss auf die Messgenauigkeit der Methode. Des Weiteren ist der Messaufbau einfacher und es werden keine Hochpräzisionsmessgeräte benötigt. Es können auch Verlustmessungen durchgeführt werden, wenn Strom und Spannung nicht phasengleich sind. Allerdings ist die Messgenauigkeit der kalorimetrischen Messung geringer als bei elektrischen Messmethoden. Zudem ist ein stabiler thermischer Zustand wichtig, um einen Messpunkt aufnehmen zu können. Das resultiert in Messintervalle bis zu einer halben Stunde pro Messpunkt. Zudem muss bei dem Messaufbau darauf geachtet werden, dass kein thermischer Einfluss durch andere Bauteile, insbesondere den Stromzuführungen, mitgemessen wird.

In Tabelle 2.2 werden Vor- und Nachteile der Messmethoden noch einmal aufgelistet.

Tabelle 2.2: Vergleich der Messmethoden für AC-Verlustmessung bei Supraleitern (mod. nach [WAN-13a, ZHA-21]).

Messmethode	Elektrisch	Kalorimetrisch
Verlustart	Verluste durch Transportstrom und/oder durch ein externes Magnetfeld	Gesamtverluste
Vorteil	Schnelle Messungen	Beliebig komplexe Geometrien
	Hohe Genauigkeit und Empfindlichkeit	Keine elektromagnetische Beeinflussung von außen
Nachteil	Kompensationsspulen benötigt	Niedrige Genauigkeit und Empfindlichkeit
	Lock-In Verstärker nur bei Sinussignalen einsetzbar	Lange Messdauer
	Elektromagnetische Beeinflussung von außen	Thermische Beeinflussung durch andere Bauteile
Messgenauigkeit	10^{-5}	10^{-2}

3 Aufbau und Stand der Entwicklung von supraleitenden Kabeln

Bei der Entdeckung der Hochtemperatursupraleiter mit einer kritischen Temperatur T_c die größer als die Temperatur von flüssigem Stickstoff ist, wurde der Gedanke eines supraleitenden Energiekabels zum ersten Mal kommerziell interessant. Gegenüber herkömmlichen Kupferkabel haben sie dabei einige Vorteile [WOO-15]:

- Die Stromtragefähigkeit in supraleitenden Kabeln ist wesentlich höher. Typischerweise beträgt der Nennstrom von bereits existenten HTS-Kabeln um die 2-4 kA_{eff} bei gleichem Querschnitt eines 1 kA_{eff} VPE-Kabels. Durch ein „Repowering" bestehender Energiekabel kann damit die Übertragungskapazität der Netze in dicht besiedelten Gebieten erhöht werden, ohne zusätzliche Fläche für weitere Kabelverlegungen bereitstellen zu müssen.
- Die elektromagnetische und thermische Beeinflussung der Umgebung ist geringer. Durch die gute thermische Isolierung kann eine Temperaturerhöhung des Bodens ausgeschlossen werden, während das bei einem Kupferkabel ein wichtiges Auslegungskriterium darstellt. Die meisten supraleitenden Kabel werden zudem mit einer abschirmenden Schicht, bestehend aus supraleitenden Bändern, ausgestattet. Damit reduziert sich die elektromagnetische Beeinflussung benachbarter Kabel. Dieser Vorteil vereinfacht die Verlegung supraleitender Kabel, da Grenzwerte bezüglich elektromagnetischer Verträglichkeit (EMV) und Temperaturerhöhung des Erdreichs keine Rolle mehr spielen.
- Die Übertragungskapazität supraleitender Kabel ist auf einem geringeren Spannungslevel möglich als bei einem vergleichbaren Kupferkabel. Auf lange Sicht könnten damit ganze Spannungsebenen innerhalb von urbanen Gebieten eingespart werden.
- Bei einem supraleitenden Kabel kann eine Kurzschlussstrombegrenzung eingeplant werden. Durch den geringen Widerstand verringert das supraleitende Kabel die kurzschlussstrombegrenzende Netzimpedanz. Da diese in vielen Fällen ohnehin schon gering ist, kann der auftretende Kurzschlussstrom unzulässig hoch werden. Entwickelt das supraleitende Kabel allerdings bei einem Kurzschlussstrom einen hochohmigen Widerstand durch den Verlust der supraleitenden Eigenschaft, kann damit der Kurzschlussstrom reduziert und die

Netzkomponenten geschützt werden. Zusätzliche Schutzkomponenten können damit eingespart werden.

Der Aufbau supraleitender Kabel ist allerdings komplexer als bei einem herkömmlichen VPE-Kabel. Nachteilig ist auch die aktive Betriebsweise des supraleitenden Kabels, welche eine Überwachung und Regelung der thermischen Größen erfordert, gegenüber einem passiv agierenden herkömmlichen Kabel. Zudem sind die Investitionskosten bis heute ein großer Entscheidungsfaktor für den industriellen Einsatz dieser Technik. Trotzdem haben sich in den vergangenen Jahren unterschiedliche Konzepte für Kabel auf Supraleiterbasis entwickelt und es wurden Projekte umgesetzt, um die Machbarkeit und die Vorteile dieser Technologie aufzuzeigen. Im Folgenden werden die weltweit tätigen Hersteller von supraleitenden Bandleitern und ihre Produktionskapazitäten, die gängigsten Kabelkonzepte sowie erfolgreich umgesetzte Projekte vorgestellt.

3.1 Hersteller von supraleitenden Bandleitern

In Kapitel 2.1 wurde der Aufbau eines typischen REBCO-Bandleiters beschrieben. Um eine homogene Ausrichtung der kristallografischen Achsen zu erhalten, wird eine texturierte Pufferschicht benötigt, auf der die Kristalle wachsen können. Dafür werden generell drei Verfahren angewendet: das *„Rolling Assisted Biaxially Textured Substrate“*-Verfahren (RABiTS) [LOW-96], das *„Ion Beam Assisted Deposition“*-Verfahren (IBAD) [IIJ-96] und das *„Incline Substrate Deposition“*-Verfahren (ISD) [HAS-98]. Während beim RABiTS-Verfahren die Textur auf dem Substrat aufgebracht wird und die Pufferschichten diese Texturierung übernehmen, wird bei dem IBAD- und ISD-Verfahren die Textur direkt auf eine der Pufferschichten aufgetragen. Für die Abscheidung der supraleitenden Schicht gibt es ebenfalls drei Ansätze [BUC-04]: die *„physikalische Abscheidung“* (PVD) mit Hilfe der Laserablation, des Elektronenstrahlverdampfen oder des Ionen Sputterns, die *„metallorganische chemische Gasphasenabscheidung“* (MOCVD) oder die *„Lösungsbeschichtung“* (CSD/MOD). Abhängig vom Anbieter unterscheiden sich dabei die verwendeten Methoden der Texturierung und der Abscheidung der supraleitenden Schicht.

Weltweit existieren einige Hersteller, die REBCO-Bandleiter kommerziell anbieten. In Europa ist THEVA (Deutschland) der größte Produzent, aus den USA kommen Bandleiter von AMSC sowie SuperPower und Asien hat mit SuNAM (Südkorea), Fujikura und Faraday Factory (Japan) sowie Shanghai Creative Superconductor Technologies und Shanghai Superconductor (China) fünf Unternehmen, die REBCO-Bandleiter herstellen.

Die kritische Stromtragfähigkeit bei einer Temperatur $T = 77$ K und unter Berücksichtigung des Eigenfelds variiert dabei zwischen 40 $A/_{mm}$ bis 91 $A/_{mm}$, abhängig von der Länge des Bands. Die Bandbreite kann standardmäßig von $2\,\mathrm{mm}$ bis $12\,\mathrm{mm}$ betragen, teilweise gibt es aber auch schon Bänder mit 40 mm Breiten. Dabei können zusammenhängende Bandlängen von 300 m bis 600 m erreicht werden. Zudem sind die Magnetfeldeigenschaften sowie die mechanischen Eigenschaften und natürlich die Produktionskapazität Parameter, die ein Optimierungspotential besitzen. In Tabelle 3.1 sind acht Hersteller mit den wichtigsten Kenndaten aufgelistet.

Tabelle 3.1: REBCO-Bandleiter Hersteller mit ausgewählten Produktionsdaten.

	Bandlänge in m	I_c in $A/_{mm}$	Texturierung	Abscheidung	Quelle
THEVA	~ 600	62,5	ISD	PVD	[THE-22]
AMSC		41,5	RABiTS	MOD	[AMS-22]
SuperPower	~ 500	40	IBAD	MOCVD	[SUP-22b]
SuNAM	~ 500	66,5	IBAD	PVD	[LEE-17]
Faraday Factory	~ 500	62,5	IBAD	PVD	[SUP-22a]
Fujikura		46	IBAD	PVD	[FUJ-22]
SCST	~ 1000	91	IBAD	MOD	[SHA-21]
SHSCT	~ 1000	46	IBAD	PVD	[SHA-22]

3.2 HTS-Kabelkonzepte

In den vergangenen 20 Jahren wurden supraleitende Kabelprojekte weltweit umgesetzt. Die dabei eingesetzten Drehstrom-Kabelkonzepte lassen sich generell in drei Klassen unterteilen: die konzentrische Konfiguration, die 1-Leiter Konfiguration und die 3-Leiter Konfiguration (siehe Abbildung 3.1a-c) [KOT-20].

Die elektrische Isolierung der Phasen geschieht in den meisten Kabelkonzepten bei kryogenen Temperaturen. Für das eingesetzte Dielektrikum können dabei mit Polypropylen laminiertes Papier (PPLP™) oder hochverdichteter Polyethylen (Tyvek™) verwendet werden. Beide Dielektrika haben bei kryogenen Temperaturen gute

Isolationseigenschaften. Die dielektrischen Verluste von PPLP™ sind allerdings größer als von Tyvek™ [KOT-17].

Der Kryostat des Kabels besteht aus einem inneren und einem äußeren spiralförmig gewellten Edelstahlrohr mit einer mehrlagigen thermischen Isolationsschicht aus beidseitig aluminiumbedampfter PET-Folie. Um das äußere Edelstahlrohr wird oftmals noch ein PE-Schutzmantel gezogen [CRY-12].

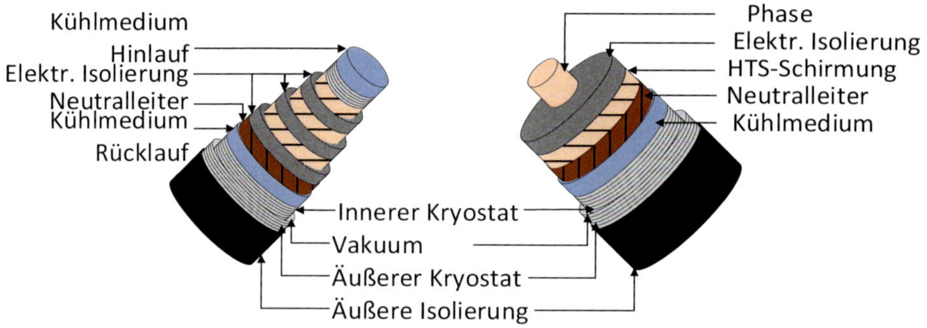

(a) Konzentrische Kabelkonfiguration (b) 1-Leiter Kabelkonfiguration

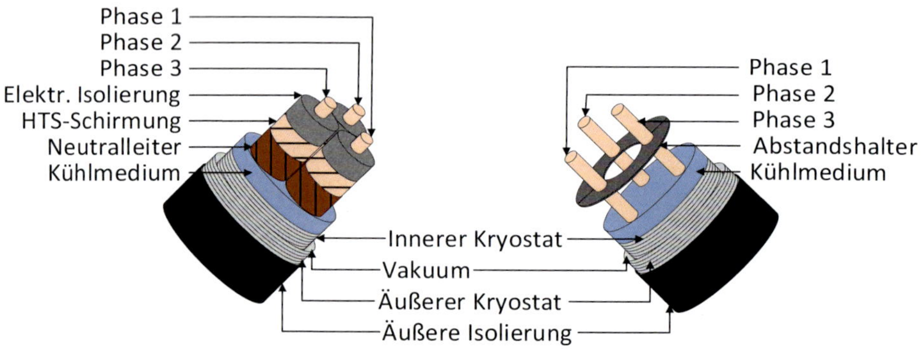

(c) 3-Leiter Kabelkonfiguration (d) Angepasste 3-Leiter Kabelkonfiguration

Abbildung 3.1: Schematische Darstellung der vier Kabelkonfigurationen eines HTS-Kabels.

3.2.1 Konzentrische Kabelkonfiguration

Bei einem konzentrischen Aufbau des supraleitenden Kabels (siehe Abbildung 3.1a) werden die HTS-Bänder der drei Phasen konzentrisch um einen Former gewickelt, mit einer jeweiligen Isolationsschicht zwischen den Wicklungen. Diese Konfiguration ermöglicht ebenfalls eine kompakte Bauweise eines dreiphasigen Kabels in einem einzigen Kryostaten, mit dem zusätzlichen Vorteil, dass sich die elektromagnetischen Felder der drei Phasen nach außen aufheben und somit keine elektromagnetische Belastung der Umwelt ergibt. Allerdings ist das Separieren der Phasen an den Enden des Leiters wesentlich komplexer, gerade bei hohen Spannungen. Die unterschiedlichen Radien der Wicklungen bedingt ein unsymmetrisches elektrisches System. Daher ist es wichtig, die unterschiedlichen Phasenimpedanzen auszugleichen, um symmetrische Phasenströme zu ermöglichen.

3.2.2 1-Leiter Kabelkonfiguration

Bei der 1-Leiter-Konfiguration (siehe Abbildung 3.1b) wird jede Phase als eigenständige Leitung mit Kryostaten geplant. Wegen der Möglichkeit, die Phasen optimal elektrisch zu isolieren, wird diese Konfiguration vermehrt in der Hoch- oder Höchstspannungsebene eingesetzt. Durch den symmetrischen Aufbau der drei Phasen sind große Leiterlängen sowie eine gleichmäßige Kühlung der Phasen möglich. Allerdings erfordert die Trennung der Phasen in jeweils eigenen Kryostaten auch eine größere Menge an Kühlmedium sowie deutlich mehr Raum für die Legung. Außerdem bedeutet eine größere Kryostatoberfläche auch einen erhöhten Wärmeeintrag von außen und somit zusätzlichen Wärmeeintrag. Generell kann bei der 1-Leiter Konfiguration ein warmes oder kaltes Dielektrikum eingesetzt werden. Ist die elektrische Isolierung außerhalb des Kryostaten, spricht man von einem warmen Dielektrikum. Vorteil dieser Variante ist die Möglichkeit des Einsatzes von konventionellen Isolationsmaterialien. Zudem werden dielektrische Verluste nicht an das Kühlmedium abgegeben und beeinflussen somit nicht den Kühlkreislauf. Befindet sich das Isolationsmaterial im Kryostaten, wird von einem kalten Dielektrikum gesprochen. In diesem Fall kann um das Isolationsmaterial noch eine Magnetfeldabschirmung angebracht werden. Diese besteht meistens aus weiteren supraleitenden Bändern und verhindert eine magnetische und mechanische Beeinflussung der Phasen untereinander.

3.2.3 3-Leiter Kabelkonfiguration

Die 3-Leiter-Konfiguration (siehe Abbildung 3.1c) fasst alle Phasen in einem einzigen Kryostaten zusammen und reduziert damit Kosten für das Kühlmedium und den Kryostaten sowie den Raumbedarf bei der Legung. Der Einsatz eines elektromagnetischen Schirms verhindert die Beeinflussung der Phasen untereinander. Auch bei dieser Konfiguration sind die Phasen symmetrisch aufgebaut, woraus sich wiederum symmetrische Impedanzen ergeben und große Leitungslängen ohne einen notwendigen zusätzlichen Ausgleich der Phasenimpedanzen ermöglicht werden. Durch den Einsatz eines einzigen Kryostaten für die komplette Konfiguration ist der Platzbedarf für eine elektrische Isolierung der Phasen allerdings beschränkt und daher eignet sich diese Anordnung eher für Hoch- und Mittelspannungsnetze.

Die in dieser Arbeit verwendete Leiter-Konfiguration entspricht einer angepassten 3-Leiter Konfiguration (siehe Abbildung 3.1d). Anstelle eines festen Dielektrikums wird hierfür das Kühlmedium LN_2 als Isolation zwischen den Phasen genutzt. Mit einer Durchschlagfestigkeit von $E_{\mathrm{d,LN2}} \approx 20\ \frac{\mathrm{kV}}{\mathrm{mm}}$ bei Atmosphärendruck und einer Kugel-Platten Anordnung [FRA-21, HAE-16, JAM-07], ist der Wert fast siebenmal höher als bei Luft mit $E_{\mathrm{d,Luft}} \approx 3\ \frac{\mathrm{kV}}{\mathrm{mm}}$. Mit einem in regelmäßigen Abständen angebrachten Abstandshalter werden die Phasen auf einer definierten Distanz gehalten. Somit wird kein weiteres festes Dielektrikum benötigt, was wiederum eine kompaktere Anordnung der Phasenleiter erlaubt. Das Einsatzgebiet der angepassten 3-Leiter Konfiguration liegt in der Mittelspannungsebene bis hin zur 110 kV-Ebene.

Bei diesen drei Konfigurationen kann der supraleitende Kern der Phase unterschiedliche Anordnungen der supraleitenden Bänder aufweisen. Üblicherweise werden die Bänder konzentrisch um einen Former gewickelt, doch es ist ebenfalls möglich, eine gestapelte Anordnung zu wählen. Drei mögliche Geometrien für die Anordnung der Bänder werden in den Kapiteln 3.4, 3.5 und 3.6 vorgestellt. In Tabelle 3.2 sind die Vor- und Nachteile der drei Konfigurationen noch einmal zusammengefasst dargestellt.

Das Projekt AmpaCity in Essen hat gezeigt, dass ein supraleitendes Kabel und ein supraleitender Fehlerstrombegrenzer alle betrieblichen Anforderungen eines Netzbetreibers erfüllen kann [STE-13]. Anstelle eines 110 kV-Kabels wurde ein 10 kV-HTS-Kabel verlegt, welches sieben Jahre fehlerfrei betrieben wurde. Die Kühlung mit flüssigem Stickstoff wurde dabei mit einem offenen Kühlkreislauf und intelligenter LN_2 Logistik durch regelmäßige Befüllung des LN_2 Tanks sichergestellt.

Ein 50 MVA-HTS-Kabel und einer Nennspannung von 23 kV mit einer Länge von 1 km wurde 2019 von der Korea Electric Power Corporation (KEPCO) in Betrieb genommen. Das sogenannte Shingal Projekt ist ein supraleitendes Kabelprojekt, das im laufenden Netzbetrieb eingesetzt wird. Damit wird gezeigt, dass ein HTS-Kabel auf der Verteilnetzebene ein Kabel der höheren Spannungsebene als innerstädtische Verbindung ersetzen kann.

Tabelle 3.2: Vor- und Nachteile der drei Leiterkonfigurationen.

	Vorteil	Nachteil
Konzentrische Konfiguration	• Verringerter Platzbedarf durch kompakte Bauweise • Hin- und Rücklauf des Kühlmediums in einem System möglich • Keine EMV-Belastung der Umwelt	• Bauartbedingt unterschiedliche Impedanzen der drei Phasen • Nur kurze oder mittellange Leiterlängen möglich • Komplexe Separierung der Phasen an den Enden des Leiters
1-Leiter Konfiguration	• Hervorragende elektr. Isolation der einzelnen Phasen • Große Leiterlängen möglich • Gleichmäßige Kühlung der Phasen • Identische Impedanz der Phasen • Unterschiedliche Anordnung der Bänder möglich	• Pro Phase wird ein Kryostat benötigt • Mehr Kühlmedium notwendig • Hoher Platzbedarf • Höhere Wärmeverluste durch den Kryostaten • Rücklauf des Kühlmediums in einem separaten Rohr
3-Leiter Konfiguration	• Verringerter Platzbedarf, da nur ein Kryostat verwendet wird • Große Leiterlängen möglich • Gleichmäßige Kühlung der Phasen • Identische Impedanz der Phasen • Unterschiedliche Anordnung der Bänder möglich	• Wenig Platz für die elektr. Isolation der einzelnen Phasen • Rücklauf des Kühlmediums in einem separaten Rohr
Angepasste 3-Leiter Konfiguration	• Verringerter Platzbedarf, da nur ein Kryostat verwendet wird • Große Leiterlängen möglich • Gleichmäßige Kühlung der Phasen • Identische Impedanz der Phasen • Unterschiedliche Anordnung der Bänder möglich • Kein festes Dielektrikum (Ausnahme: Abstandshalter) • Kompaktes Design	• Einsatzbereich auf der Mittelspannungsebene bis hin zur 110 kV-Ebene • Keine Schirmung der Phasen • Kein Neutralleiter • Rücklauf des Kühlmediums in einem separaten Rohr

Die Stadtwerke München haben ebenfalls mit dem Projekt *SuperLink* die Realisierung eines innerstädtischen supraleitenden 110 kV-Kabels begonnen [NOE-21]. Gründe hierfür sind der steigende Leistungsbedarf in der Innenstadt, sowie die Minimierung der Beeinträchtigung von Umwelt und Stadtleben bei der Installation eines neuen Kabelsystems. Es wird ein 110 kV-HTS-Kabel für die Übertragung von 500 MVA konzeptioniert und anschließend ist ein erster Kabelabschnitt von 12 km Länge anvisiert. Bei erfolgreicher Inbetriebnahme sind weitere Kabelabschnitte optional geplant.

Um den Einsatz supraleitender Kabel in der Industrie zu demonstrieren, hat die BASF in Kooperation mit der NEDO und der SWCC, ein 200 m langes dreiphasiges HTS-Koaxialkabel auf dem werksinternen Gelände in Japan, Yokohama City, installiert und testweise in Betrieb genommen [NEW-21]. Damit soll die Einsatzfähigkeit effizienter neuer Übertragungstechniken auf industrieller Ebene aufgezeigt werden.

Die umgesetzten Projekte verdeutlichen, dass supraleitende Kabelkonzepte technisch realisierbar sind und in die öffentliche Infrastruktur eingebunden werden können. Einen Überblick der weltweit umgesetzten Kabelprojekte gibt es in Tabelle 3.3. In Abbildung 3.2 werden die Übertragungsleistungen dieser Projekte gegenüber der gewählten Übertragungsspannung aufgezeigt. Im Vergleich dazu ist die angestrebte Übertragungsleistung des Mittelspannungskabels der vorliegenden Arbeit (SW) hervorgehoben dargestellt. Zusätzlich ist der Leistungsbereich handelsüblicher Mittel- und Hochspannungskabel bis 110 kV markiert [NKT-20]. Unterschieden wird dabei zwischen 110 kV-Stadt-/Gasdruckkabel, wie sie in innerstädtischen Netzen häufig verlegt wurden und 110 kV-VPE-Einleiterkabel aus Kupfer oder Aluminium bis zu einem Kabelquerschnitt von 2500 mm^2.

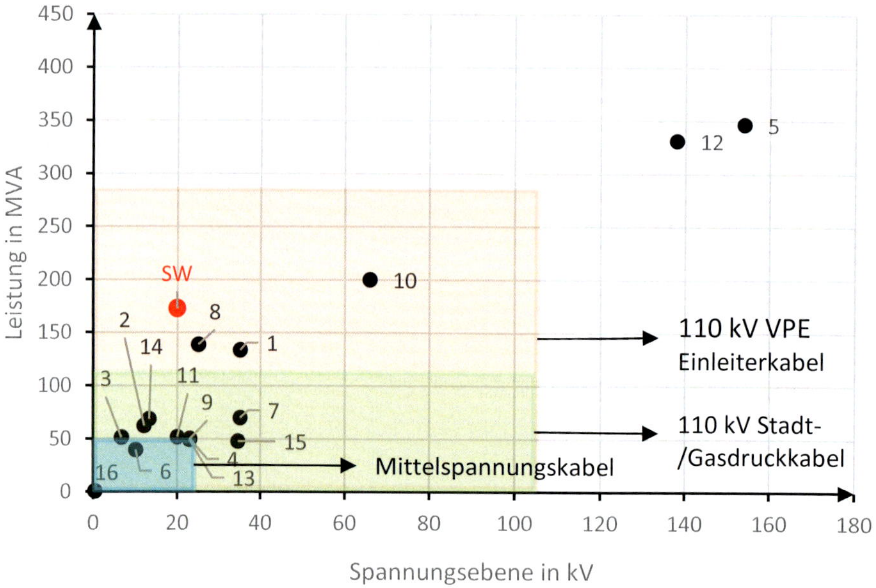

Abbildung 3.2: Übertragungsleistung der Kabelprojekte dargestellt zur gewählten Übertragungsspannung.

Tabelle 3.3: Ausgewählte AC-Kabelprojekte mit Leistungsdaten.

Nr.	Jahr	Land	Project	Konfiguration	Phasen	Leistung in MVA	Spannung in kV	Länge in m	Quelle
1	2021	China	Shanghai	3 Leiter	3	133	35	1200	[ZON-22]
2	2021	USA	Chicago		3	62	12	200	[NEX-21]
3	2021	Japan	Yokohama C.	Konz.	3	51	6,6	200	[NEW-21]
4	2019	Südkorea	Shingal	3 Leiter	3	50	23	1000	[LEE-20a]
5	2016	Südkorea	Jeju	1 Leiter	1	347	154	1000	[LEE-20b]
6	2014	Deutsch.	Essen	Konz.	3	40	10	1000	[STE-13]
7	2013	China	Shanghai	1 Leiter	1	70	35	50	[ZON-15]
8	2011	Spanien	Endesa	Konz.	3	139	25	30	[SOI-11]
9	2011	Korea	Icheon	3 Leiter	3	50	23	500	[LEE-11]
10	2009	Japan	Yokohama	3 Leiter	3	200	66	30	[MAS-11]
11	2009	Russland	Moskau	3 Leiter	3	52	20	30	[VOL-12]
12	2008	USA	Long Island	1 Leiter	1	331	138	600	[MAG-11]
13	2007	Korea	Gochang		3	50	22,9	100	[SOH-07]
14	2006	USA	Columbus	Konz.	3	69	13,2	200	[DEM-07]
15	2006	USA	Albany	3 Leiter	3	48	34,5	350	[MAS-07]
16	2005	China	Baiyin	1 Leiter	1	1	0,4	75	[XIA-07]

3.3 HTS-Mehrleiterkonzepte für Hochstromanwendungen

Durch den Einsatz supraleitender Bandleiter konnten bereits einige Übertragungssysteme für Leistungen im MVA-Bereich realisiert werden (Abbildung 3.2). Allerdings ist die Stromtragfähigkeit der bestehenden Konzepte auf wenige Kiloampere begrenzt. Bei gewickelten Bandanordnungen ist die Anzahl an Wicklungslagen und damit auch die Anzahl an REBCO-Bändern limitiert [ZHA-22]. Die gegenseitige Beeinflussung der Lagen durch magnetische Felder führt zu einer ungleichmäßigen Stromaufteilung und damit zu erhöhten Verlusten im Kabel [MUK-97, XIN-10]. Es wurden unterschiedliche Techniken entwickelt, um eine homogene Stromaufteilung zu erreichen. Mit lagenspezifischen Wicklungswinkeln konnten frühzeitig gute Ergebnisse erzielt werden [MUK-99], allerdings ist der Entwicklungsaufwand hoch und es kann durch die mechanische Belastung der Bänder zur Degradation des kritischen Stroms kommen. In [CHO-05] wurden Saugdrosseln (IPT) eingesetzt, um durch magnetisch gekoppelte Spulen eine kontrollierte Stromaufteilung zu gewährleisten. Ein Konzept zur Reduzierung der magnetischen Beeinflussung der Lagen untereinander durch das Einbringen zusätzlicher HTS-Schirmungen wurde in [ZHA-22] vorgestellt. In allen Varianten bleibt die Homogenisierung der Stromaufteilung jedoch ein zentrales Thema.

Bei industriellen DC-Anwendungen wurden dagegen Konzepte entwickelt, um Ströme bis zu mehreren 100 kA zu übertragen. Gerade in hochstromspezifischen Bereichen, z. B. in einer Kupfer- oder Aluminiumelektrolyse, können somit Stromschienensysteme durch platzsparende supraleitende Systeme ersetzt werden [REI-21]. Aber auch Datenzentren [PRA-07], das Stromnetz einer Bahnanlage [TOM-12] oder Chlorelektrolysen [ELS-18] profitieren von diesen Hochstrom-Übertragungssystemen.

Für die Übertragung hoher Ströme werden bevorzugt Mehrleiterkonzepte eingesetzt, bei denen Einzelleiter zu einem Kabel gebündelt sind. Die Einzelleiter werden kreisförmig angeordnet, um eine gleichmäßige Belastung durch die Magnetfelder zu erhalten. Ein groß gewählter Radius verringert dabei die magnetische Beeinflussung durch benachbarte Leiter. Bis zu mehreren Hundert REBCO-Bändern können somit in einem Mehrleiterkonzept zusammengefasst werden.

Die flache, rechteckige Form der Bandleiter lässt nur eine begrenzte Anzahl an möglichen Geometrien für einen Einzelleiter zu. Die einfachste Anordnung ist das Stapeln der Bänder in sogenannten Stacks (Kapitel 3.4). In den vergangenen Jahren wurden diverse Stack-Mehrleiterkonzepte umgesetzt. Das „*National Institute for Fusion Science*“ (NIFS) hat eine

100 kA DC-Spule für den Einsatz in einem Fusionsreaktor auf Basis gestapelter REBCO-Bänder entwickelt [TER-15]. Ein 20 kA DC-Stromschienensystem mit zwei parallelen Stacks wurde in der BASF in Zusammenarbeit mit dem Karlsruher Institute of Technology (KIT), der Vision Electric Super Conductors GmbH (VESC) und dem Institut für Luft- und Kältetechnik Dresden (ILK) realisiert [ELS-18] und findet mit dem DEMO200-Projekt eine indirekte Nachfolge [WOL-22]. Um Kopplungsverluste weiter zu minimieren, entwickelte das Massachusetts Institute of Technology (MIT) eine um die eigene Achse gedrehte Stack-Anordnung mit der Ganglänge L [TAK-12] (Abbildung 3.3b). Zur mechanischen Stabilisierung werden Kupferbänder unter- und oberhalb des Stacks angebracht. Zusätzlich kann die Anordnung in eine Hülle gezogen und mit einem Klebstoff, Harz oder Lot ausgefüllt werden. Ein erster Demonstrator mit 40 SuperPower-Bändern übertrug 5,4 kA bei einer Betriebstemperatur von 4,2 T und 12 T [BAR-15].

Das Konzept einer „Cross Conductor"-Anordnung (CroCo) basiert auf der Stack-Anordnung und wurde am KIT entwickelt, um eine bessere Ausnutzung einer Kreisquerschnittsfläche zu erhalten [WOL-16]. In Kapitel 3.5 wird auf den exakten Aufbau eingegangen. Für die Entwicklung eines 35 kA-DC-Kabeldemonstrators wurden 12 CroCo-Leiter in einem Mehrleiterkonzept kreisförmig entlang eines Kernelements mit einem Durchmesser von 110 mm montiert und getestet [PRE-19]. Theoretisch kann dieser Designentwurf auf 35 Leiter mit einer Übertragungskapazität von 100 kA erweitert werden.

Bei einem *Conductor on Round Core* (CorC) werden die Bandleiter auf einen Former mit kleinem Durchmesser mehrlagig gewickelt (Kapitel 3.6). Das Konzept wird von dem 2011 gegründeten Unternehmen *Advanced Conductor Technologies* (ACT) vertrieben. Für Hochleistungsmagnete in Fusionsreaktoren oder in Detektormagneten werden CorCs in einem *„Cable-in-Conduit"* Design (CICC) versuchsweise entwickelt. Dabei werden die Leiter kreisförmig um ein Kühlrohr angeordnet und mit einer Stahl- oder Kupferummantelung umschlossen, um die auftretenden Lorentz-Kräfte aufzufangen. In Kooperation mit dem *CERN* und der *University of Twente* in den Niederlanden konnte ACT ein CICC-Design mit 6 CorCs entwickeln und testen [MUL-16, MUL-17, MUL-18].

3.4 Stack Anordnung

Durch die gestapelte Anordnung von REBCO-Bandleitern in einer Stack-Anordnung können sehr hohe Stromdichten auf einer kleinen Kabelquerschnittsfläche erreicht werden (Abbildung 3.3a).

Die Breite *b* der REBCO-Bandleiter kann hierbei zwischen 4 - 12 mm variieren. Um eine optimale Platzausnutzung zu erreichen, wird häufig die Dicke des Stacks der Breite *b* angepasst. Zwischen die Bänder können zusätzliche Kupferbänder eingebracht werden, um die thermische und elektrische Stabilität des Kabels zu erhöhen.

Bei einer Stack-Anordnung wird der kritische Strom I_c eines REBCO-Bands maßgeblich vom Magnetfeld der benachbarten Bänder beeinflusst. Die in Kapitel 2.1.3 beschriebene Anisotropie spielt hierbei eine entscheidende Rolle, da senkrechte und parallele Magnetfeldanteile auf die Bänder einwirken.

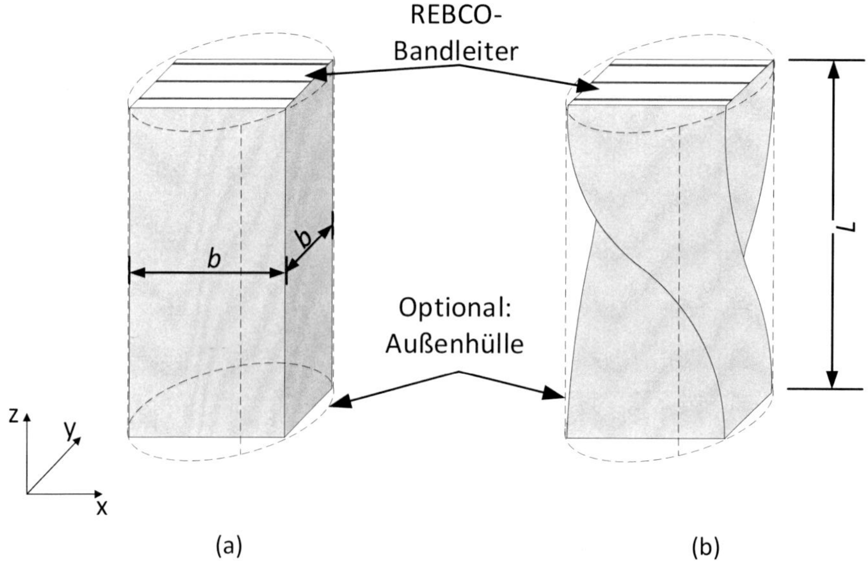

Abbildung 3.3: Zwei Varianten eines HTS-Stacks: (a) gerade Stack-Anordnung und (b) gedrehte Stack-Anordnung.

In Abbildung 3.4a ist die magnetische Flussdichte sowie in Abbildung 3.4b die kritische Stromdichte für ein Beispiel-Stack mit 30 REBCO-Bandleitern dargestellt. Die Daten des REBCO Bandleiters können Tabelle 3.4 entnommen werden. Die Magnetfeldabhängigkeit wird mit Gleichung (2.12) beschrieben.

Die dichte Anordnung der Bänder sowie die senkrechten Magnetfeldanteile auf der linken und rechten Seite des Stacks reduzieren die kritische Stromdichte. Reduktionen des kritischen Stroms gegenüber den aufsummierten kritischen Strömen der Einzelleiter von bis zu 50 % sind üblich.

Tabelle 3.4: Beispielparameter für einen REBCO-Bandleiter.

Parameter	Wert	Einheit
Bandbreite b	6	mm
Banddicke d	0,15	mm
Kritischer Strom I_c	240	A
n-Wert	30	
Anisotropie k	0,25	
Eigenfeld B_c	0,035	T
Anpassungsparameter e	0,6	

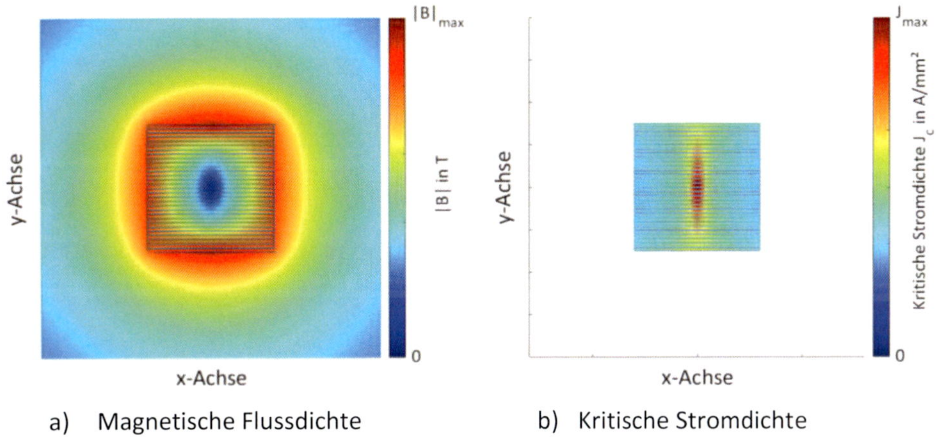

Abbildung 3.4: Magnetische Flussdichte (a) und kritische Stromdichte (b) einer Stack-Anordnung mit 30 REBCO-Bandleitern.

3.5 CroCo-Anordnung

Bei einer CroCo-Anordnung wird einem Stapel aus REBCO-Bändern auf der Ober- bzw. Unterseite jeweils ein weiterer Bandstapel mit kleinerer Bandbreite hinzugefügt. Diese kreuzförmige Anordnung wird komplett verlötet und kann optional in ein Kupferrohr eingezogen werden, um eine bessere thermische und elektrische Stabilität zu gewährleisten (Abbildung 3.5c). Die unterschiedlichen Bandbreiten erlauben der CroCo-Anordnung, im Vergleich zu einer Stack-Anordnung, eine bessere Flächenausnutzung einer Kreisfläche (Abbildung 3.5a und b).

Das Verhältnis der Querschnittsfläche eines Stacks zur Kreisfläche beträgt $A_{\text{Stack}}/A_{\text{Kreis}} = 2/\pi = 0{,}636 = 63{,}6\ \%$, während der Aufbau einer CroCo-Anordnung die Kreisfläche mit dem Verhältnis $A_{\text{CroCo}}/A_{\text{Kreis}} \approx 0{,}787 = 78{,}7\ \%$ ausnutzt [WOL-16]. Daraus resultiert eine höhere Stromtragfähigkeit gegenüber einer Stack-Anordnung auf gleicher Fläche. Würden zusätzliche Bandbreiten eingesetzt werden, um eine kreisförmige Form zu erhalten, ergäbe sich daraus keine weitere nennenswerte Erhöhung der kritischen Stromdichte. Allerdings würde das Verdrehen des Leiters erheblich erschwert werden.

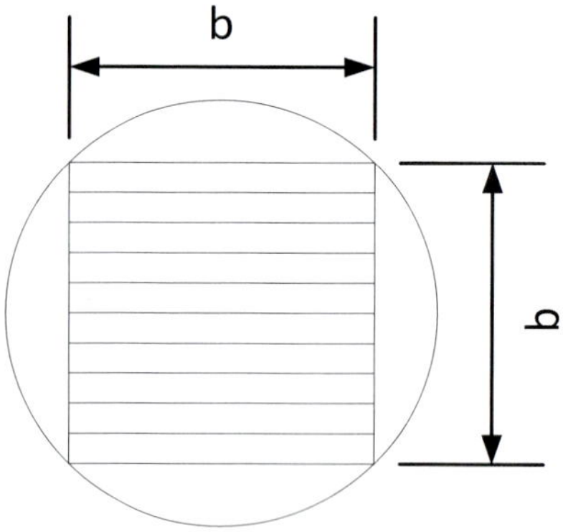

a) Querschnittsfläche Stack-Anordnung

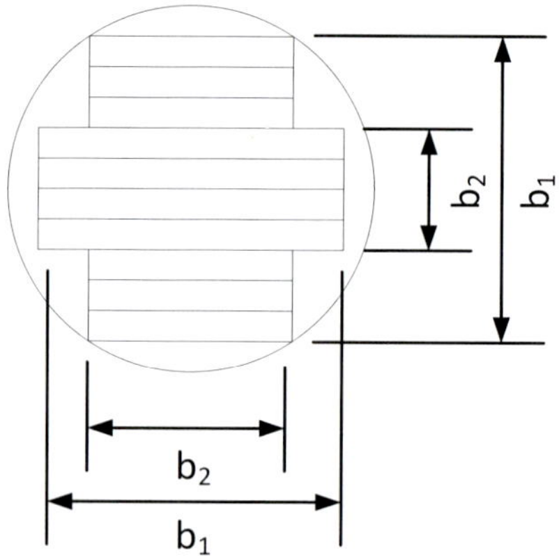

b) Querschnittsfläche CroCo-Anordnung

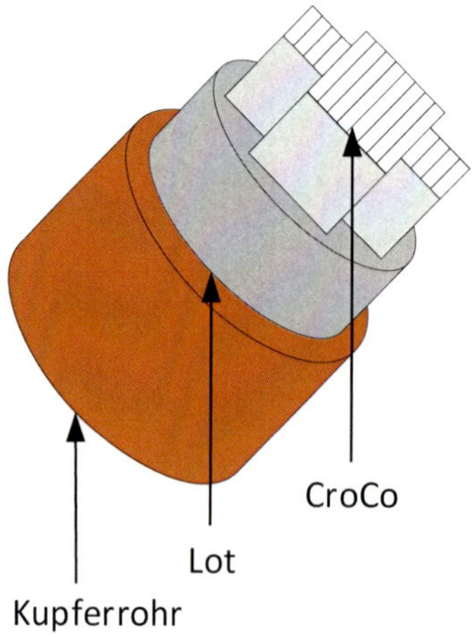

c) Aufbau einer CroCo-Anordnung

Abbildung 3.5: Aufbau und Querschnitt einer CroCo-Anordnung.

Die optimale Kreisflächenausnutzung von 78,7 % wird mit den Bandbreiten b_1 = 6 mm sowie b_2 = 4 mm und einer daraus resultierenden Ausnutzung von 78,4 % bestmöglich erreicht. Momentan werden aber auch CroCo-Varianten mit Bandbreiten von b_1 = 4 mm und b_2 = 2 mm sowie b_1 = 3 mm und b_2 = 2 mm gebaut. Die reduzierte Bandbreite erlaubt einen kleineren Biegeradius des Kabels (siehe dafür Tabelle 3.5). Ähnlich dem Stack-Aufbau können auch bei einem CroCo zusätzliche Kupferbänder zwischen die REBCO-Bänder eingebracht werden. Das erhöht den Abstand zwischen den supraleitenden Bändern und die thermische Stabilität des Leiters beziehungsweise reduziert den Einfluss des Magnetfelds.

Tabelle 3.5: Drei realisierte CroCo-Varianten mit dazugehörigen Parametern [PRE-21].

	$^6/_4$ CroCo	$^4/_2$ CroCo	$^3/_2$ CroCo
Bandanzahl x Bandbreite	22 × 6 mm 10 × 4 mm	18 × 4 mm 18 × 2 mm	18 × 3 mm 10 × 2 mm
Durchmesser Kreisfläche	7,2 mm	4,8 mm	3,6 mm
I_c(77 K, s.f.)	3200 A	2000 A	1500 A
Minimaler Biegeradius	60 cm	40 cm	30 cm

3.6 CorC-Anordnung

Bei dem „Conductor on round Core"-Prinzip werden REBCO-Bänder um einen Former mit geringem Durchmesser gewickelt. Dabei werden durch einen großen Wicklungswinkel und eine mehrlagige Wicklung kleine Leiterquerschnitte bei hohen Leistungsdichten erreicht. In Abbildung 3.6 ist schematisch das einlagige Wicklungskonzept eines CorC-Leiters dargestellt.

Bei einer typischen konzentrischen Konfiguration (Abbildung 3.1c) werden Bi-223 oder REBCO-Bänder entlang eines Formers aufgewickelt. Die dabei eingesetzten Former haben Durchmesser von ≥ 40 mm [DEM-07, WEB-07, MAG-09], um die mechanische axiale Belastung der Bänder gering zu halten. Der Wicklungswinkel ist entsprechend steil gewählt und liegt bei $\alpha \leq 15°$ [KIM-13].

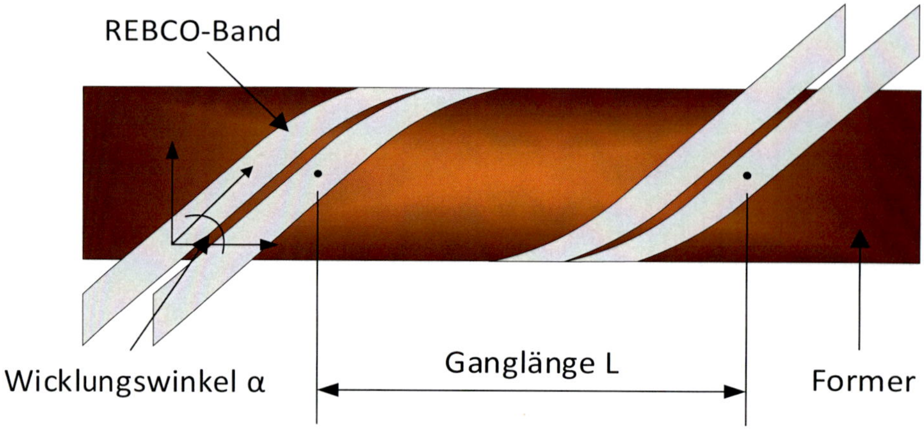

Abbildung 3.6: Einlagiges Wicklungskonzept eines CorC-Leiters (mod. nach [PRE-21]).

REBCO-Bänder sind allerdings in der Lage, wesentlich höheren axialen Belastungen zu widerstehen als Bi-223 Bänder. So wurden 2008 erste Konzepte und Prototypen für gewickelte Anordnungen von REBCO-Bändern mit einem Former-Durchmesser ≤ 5 mm getestet [VAN-09]. Werden die Bänder mit einem Wicklungswinkel von 45° gewickelt, hat sich dabei keine Beeinflussung des kritischen Stroms durch die axiale Belastung gezeigt. Das Verhältnis des kritischen Stroms zur axialen Belastung und dem Wicklungswinkel kann folgendermaßen beschrieben werden [VAN-11]:

$$I_c(\varepsilon, \alpha) = I_c(\varepsilon_m)(1 - a(\alpha)|\varepsilon - \varepsilon_m(\alpha)|^{2,18}) \quad \textbf{(3.1)}$$

mit

$$\varepsilon = \frac{-x}{D_0 + x + 2t} \quad \text{und}$$

$$a(\alpha) = a(0°)|\cos(\alpha) - \sin(\alpha)| \qquad 0 \leq \alpha \leq 90° \quad \textbf{(3.2)}$$

Dabei entspricht D_0 dem Durchmesser des Formers, x der Substratdicke des Bands und t der Dicke der Kupferschicht. Der maximale kritische Strom bei einer aufgebrachten Belastung ε_m wird mit $I_c(\varepsilon_m)$ angegeben. Der Belastungsparameter a ist vom Wicklungswinkel α abhängig.

Dadurch ist es möglich, gewickelte Kabel mit einem wesentlich kleineren Durchmesser zu produzieren. Um die Anzahl an REBCO-Bänder zu erhöhen, sind CorC-Leiter mehrlagig gewickelt. Dabei ist die Wicklungsrichtung benachbarter Lagen gegensätzlich, um eine Reduktion der Magnetfelder im Leiterinneren zu erreichen. Da der Former oftmals aus einem gut leitfähigen Material wie Kupfer besteht, sind hohe Feldstärken und daraus resultierende Wirbelströme zu vermeiden. Zudem ist die kritische Stromtragfähigkeit der inneren Lagen durch das reduzierte Magnetfeld erhöht. Bei Belastung durch ein externes Magnetfeld zeigen die äußeren Lagen außerdem einen abschirmenden Effekt und reduzieren somit zusätzlich die Belastung der inneren Lagen.

In Abbildung 3.7 ist das resultierende Magnetfeld für eine zweilagige CorC-Anordnung mit gegensätzlicher Wicklungsrichtung und jeweils drei REBCO-Bändern pro Lage dargestellt. Das Magnetfeld der unteren Lage (Abbildung 3.7b) wird durch die gegensätzliche Wicklung der oberen Lage fast vollständig kompensiert (Abbildung 3.7c). Einzig die Abstände zwischen den Bändern zeigen eine schlechtere Kompensation der Magnetfeldanteile und damit eine erhöhte Belastung für die untere Lage. Die daraus resultierende erhöhte Stromtragfähigkeit der unteren Lage ist in Abbildung 3.8 dargestellt. Normiert auf die kritische Stromdichte zeigt die obere Lage (Abbildung 3.8c) eine größere Auslastung gegenüber der unteren Lage (Abbildung 3.8b). Durch die Reduktion der kritischen Stromstärke an den Bandrändern auf Grund von senkrechten Magnetfeldanteilen ist die Auslastung an diesen Stellen auch höher als in der Bandmitte.

Der Nachteil eines gewickelten Leiters ist jedoch der höhere Bedarf an supraleitenden Bändern, um 1 m effektive Kabellänge herzustellen. Abhängig vom Wicklungswinkel kann die benötigte Länge an REBCO-Band berechnet werden mit:

$$L_{\text{REBCO}} = \frac{L_{\text{Kabel}}}{\cos(\alpha)} \tag{3.3}$$

Die Produktion von Längen ≥ 25 m ist inzwischen möglich. Die dafür entwickelte Wicklungsmaschine ist in der Lage, CorC-Leiter mit einem Durchmesser von 5 - 8 mm und REBCO-Bandbreiten von 3 - 4 mm mit einer Substratdicke von 50 µm zu wickeln. Dabei sind, nach aktuellem Stand, CorC-Leiter mit bis zu 42 Bändern verteilt auf 14 Lagen produziert worden [VAN-19]. Werden REBCO-Bandleiter mit einer Substratdicke ≤ 30 µm und einer Bandbreite von 2 - 3 mm verwendet, kann der Durchmesser auf 2,5 - 4,5 mm reduziert werden. Die Anzahl an Bänder reduziert sich auf maximal 30, allerdings ist dafür die Flexibilität des Leiters stark erhöht.

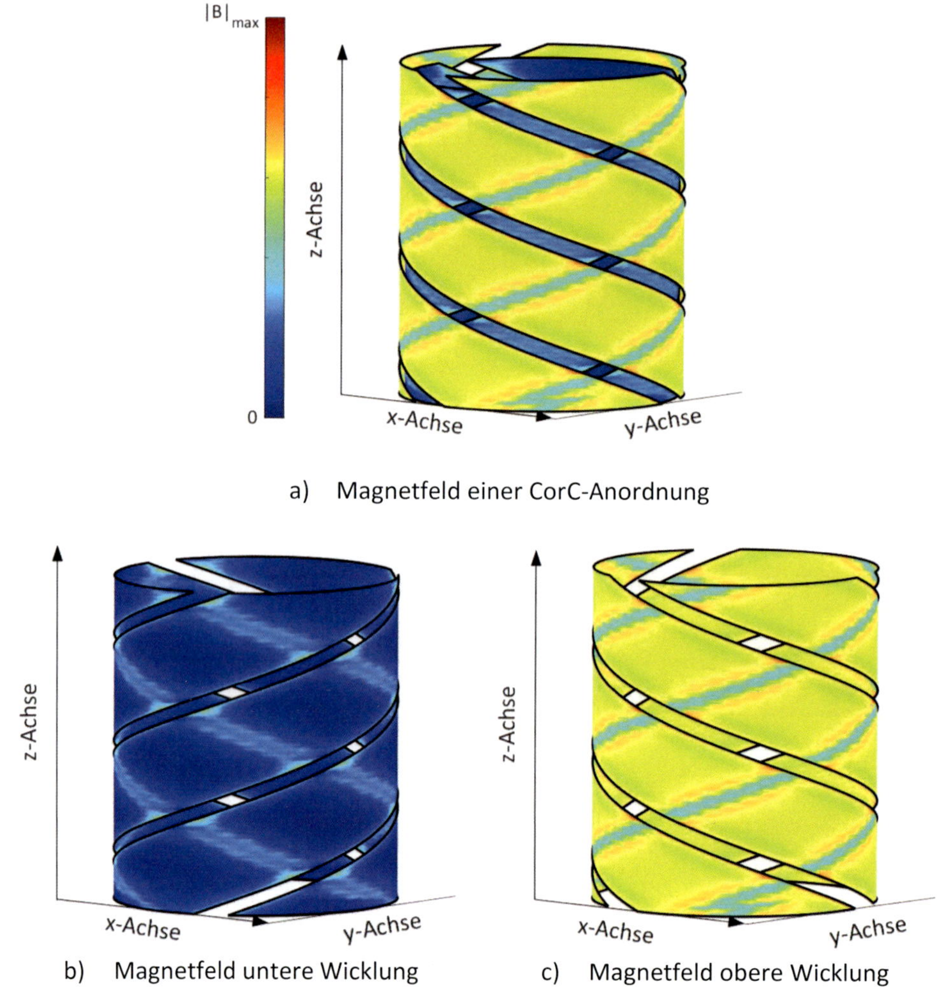

Abbildung 3.7: Magnetfeldverteilung einer zweilagigen CorC-Anordnung.

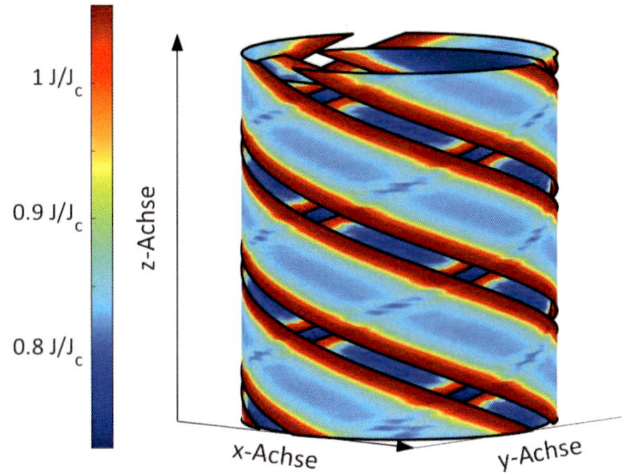

a) Normierte Stromdichte der CorC-Anordnung

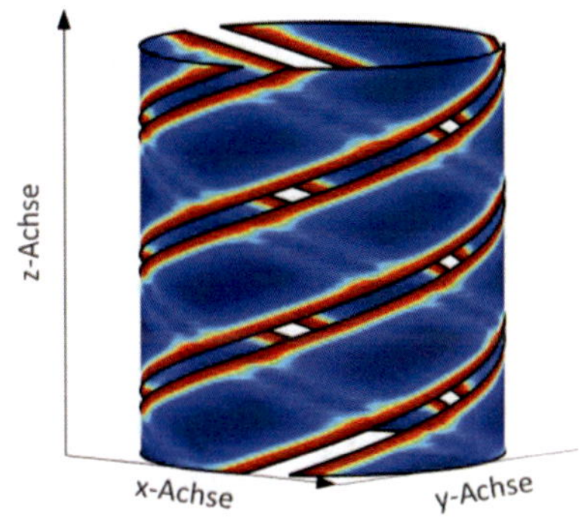

b) Normierte Stromdichte der unteren Wicklung

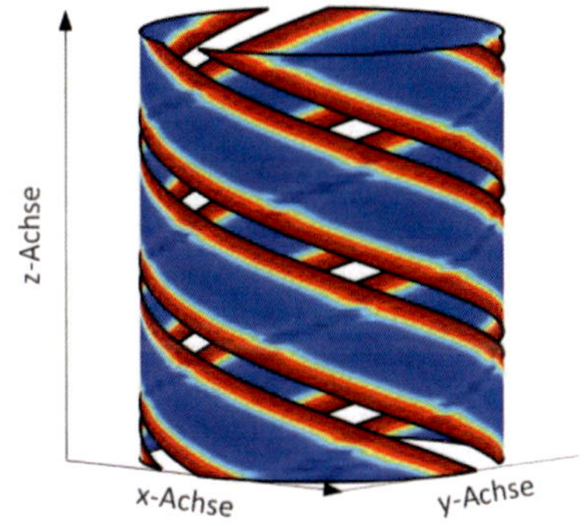

c) Normierte Stromdichte der oberen Wicklung

Abbildung 3.8: Normierte Stromdichte einer zweilagigen CorC-Anordnung.

4 Methode zur numerischen Berechnung der AC-Verluste

Für die Auslegung eines supraleitenden AC-Kabels ist die Bestimmung der elektrischen Verlustleistung ein wichtiges Kriterium. Dabei treten, neben den Wirbelstromverlusten in normalleitenden Bereichen des Kabels, Ummagnetisierungsverluste in ferromagnetischen Schichten und Kopplungsverluste in Multifilamentleitern, auch Hystereseverluste in den supraleitenden Bereichen auf. Diese supraleitertypischen Hystereseverluste entstehen durch magnetische Wechselfelder und können mit Hilfe von mathematischen Modellen beschrieben werden. Dabei wird die Stromdichteverteilung **j** innerhalb der supraleitenden Bänder sowie die magnetische Flussdichte **B** berechnet und die Verlustleistungsdichte über die Gleichung (4.1) bestimmt:

$$\mathrm{p(t)} = \int_V \boldsymbol{j}\,\boldsymbol{E}\,d^3\boldsymbol{r} \qquad \textbf{(4.1)}$$

Zur Berechnung der Stromdichte und der magnetischen Felder wird ein numerisches Modell benötigt. Die Anzahl sowie die Anordnung der supraleitenden Bänder hat dabei einen großen Einfluss auf die Verlustleistung. Das Modell muss also in der Lage sein, das elektrische und magnetische Feld sowie die Stromdichte innerhalb der Leiter für eine große Anzahl an Bändern in unterschiedlichen Geometrien berechnen zu können.

Für die Berechnung von Hystereseverluste einfacher Geometrien wurden schon früh analytische Ansätze mit Hilfe des „Critical State"-Modells entwickelt [BEA-64, NOR-70]. Im Laufe der Zeit konnten komplexere analytische Modelle aufgestellt werden, die unter anderem auch ferromagnetische Materialien berücksichtigen [MIK-13]. Komplexere Geometrien sowie die Berücksichtigung weiterer supraleitender Eigenschaften, etwa magnetfeldabhängige kritische Stromdichten, erfordern allerdings den Einsatz numerischer Modelle.

Diese nutzen üblicherweise die Maxwell-Gleichungen in differentieller Form zur Berechnung von Zustandsvariablen wie der Stromdichte oder Magnetfelder und werden mit Hilfe der Finite-Elemente-Methode (FEM) gelöst. Der nichtlineare Widerstand von Supraleitern wird dabei über die E-J-Kurve beschrieben (siehe Abbildung 2.5a). Eine Methode zur Lösung der Maxwell-Gleichungen in integraler Form für den Einsatz bei Typ-

II HTS-Bändern entwickelte E.H. Brandt im Jahr 1993 [BRA-94, BRA-96, BRA-93]. Dabei wird ein System aufgestellt, bestehend aus gewöhnlichen Differentialgleichungen (gDGLs) mit der Stromdichte als Zustandsvariablen. Diese Methode hat den Vorteil, dass die Gleichungen nur für die supraleitenden Schichten gelöst werden müssen und nicht für den kompletten Raum, zudem werden keine Randbedingungen benötigt. Die Anzahl der Unbekannten im Gleichungssystem ist dadurch stark reduziert, was sich wiederum positiv auf die Rechengeschwindigkeit auswirkt. Außerdem können Lösungsalgorithmen für gewöhnliche Differentialgleichungen verwendet werden, die in den meisten Programmen für numerische Berechnungen enthalten sind.

Aktuelle Arbeiten greifen diese Methode zur Berechnung von Feldern und Stromdichten auf. In [OTT-19b] wird die Herleitung des gewöhnlichen Differentialgleichungssystems für ein HTS-Band mit vernachlässigbarer Höhe, einen rechteckigen Stab sowie einen Zylinder ausführlich beschrieben. Dieses Gleichungssystem wurde daraufhin in [OTT-19a] für die Charakterisierung von REBCO-Roebelkabel verwendet. In [SIA-10] wiederum findet die Methode Anwendung für spiralförmig gewundene Bänder.

In den folgenden Kapiteln wird jeweils ein System von gewöhnlichen Differentialgleichungen hergeleitet, das zur Berechnung der Stromdichten und elektrischen sowie magnetischen Felder innerhalb gestapelter oder gewickelter Anordnungen geeignet ist und somit die Verluste für eine Stack und CroCo-Anordnung (gestapelte Variante) oder CorC-Anordnung (gewickelte Variante) bestimmt werden können. Letztlich werden die Ergebnisse des mathematischen Modells mit denen aus der Literatur verglichen.

4.1 Mathematisches Modell einer Stack- /CroCo- Anordnung

Die von Brandt vorgestellte numerische Methode zur Berechnung der Stromdichte in einem supraleitenden Band wird auf eine gestapelte Anordnung von Bändern erweitert. Dazu wird ein passendes System aus gewöhnlichen Differentialgleichungen aufgestellt, welches im Folgenden beschrieben wird.

Im supraleitenden Zustand ist der Widerstand der supraleitenden Schicht wesentlich geringer als der Widerstand normalleitender Schichten. Daher werden im weiteren Verlauf normalleitende Schichten vernachlässigt. Es wird außerdem davon ausgegangen, dass die Bänder keine ferromagnetischen Schichten besitzen. Des Weiteren wird angenommen, dass die verwendeten HTS-Bänder gleich aufgebaut sind und identische Parameter sowie kritische Ströme aufweisen.

Unter Berücksichtigung von Vektor- und Skalarpotential ergibt sich aus den Maxwell-Gleichungen folgender Ausdruck für die Feldgrößen

$$\boldsymbol{E} = -\nabla\boldsymbol{\phi} - \frac{\partial \boldsymbol{A}}{\partial t} \tag{4.2}$$

mit ϕ als dem elektrischen Skalarpotential, $\boldsymbol{A}$ das magnetische Vektorpotential und dem elektrischen Feld $\boldsymbol{E}$ [RED-07].

Das magnetische Vektorpotential kann in ein internes Vektorpotential $\boldsymbol{A}_{\mathrm{int}}$ und externes Vektorpotential $\boldsymbol{A}_{\mathrm{ext}}$ aufgeteilt werden. Berücksichtigt man diese Untergliederung ergibt sich für (4.2) folgende Gleichung

$$\boldsymbol{E} = -\nabla\boldsymbol{\phi} - \frac{\partial(\boldsymbol{A}_{\mathrm{int}} + \boldsymbol{A}_{\mathrm{ext}})}{\partial t} = -\nabla\boldsymbol{\phi} - \frac{\partial(\boldsymbol{A}_{\mathrm{int}})}{\partial t} - \frac{\partial(\boldsymbol{A}_{\mathrm{ext}})}{\partial t} \tag{4.3}$$

Die elektrische Feldstärke $\boldsymbol{E}$ ist eine von der Stromdichte $\boldsymbol{j}$ abhängige Größe und weist ein stark nichtlineares Verhalten auf. Sie kann bei supraleitenden Bändern ausreichend genau mit einer Parametrisierung der E-j Kurve beschrieben werden:

$$\boldsymbol{E}(\boldsymbol{j}) = E_{\mathrm{c}} \left(\frac{\boldsymbol{j}}{\boldsymbol{J}_{\mathrm{c}}(\mathrm{B}_{\parallel}, \mathrm{B}_{\perp})}\right)^{n} \tag{4.4}$$

Der n-Wert liegt bei REBCO-Bändern üblicherweise in einem Bereich zwischen 20 und 50 und ist ein Faktor für den nichtlinearen Widerstandsverlauf eines Supraleiters. Die kritische Feldstärke entspricht $E_{\mathrm{c}} = 10^{-4}$ V/m.

Die kritische Stromdichte J_{c} ist eine magnetfeldabhängige Größe. Das anisotrope Verhalten gegenüber Magnetfeldern wird mit Gleichung (2.12) beschrieben.

4.1.1 Methode zur Berechnung des magnetischen Vektorpotentials

Für die Berechnung des in Gleichung (4.3) verwendeten internen magnetischen Vektorpotentials $\boldsymbol{A}_{\mathrm{int}}$ werden die im Folgenden beschriebenen Vereinfachungen angenommen. Typische Schichtdicken von 0,5 µm bis 2 µm sowie Bandbreiten zwischen 4 mm bis 12 mm erzeugen ein Seitenverhältnis von mehreren Tausend. Das große Seitenverhältnis rechtfertigt eine Vernachlässigung der Banddicke in der weiteren Berechnung. Zudem wird angenommen, dass der Strom nur eine Komponente in z-Richtung entlang des Bands aufweist [SIA-11].

Mit Anwendung der Coulomb-Eichung ($\nabla \boldsymbol{A} = 0$) wird aus den Maxwell-Gleichungen das magnetische Vektorpotential als Poisson-Gleichung dargestellt

$$\nabla^2 \boldsymbol{A} = -\mu \, \boldsymbol{j} \tag{4.5}$$

Diese inhomogene lineare partielle Differentialgleichung kann mit Hilfe der Greenschen Funktion $\boldsymbol{G}(\boldsymbol{r},\boldsymbol{r}')$ für den Laplace-Operator $\boldsymbol{\nabla}^2 = \boldsymbol{\Delta}$ gelöst werden. Da $\boldsymbol{\Delta}$ ein linearer Differentialoperator ist, kann die Lösung für $\boldsymbol{A}$ an der Stelle $\boldsymbol{r}$ als Integral der Stromdichte $\boldsymbol{j}$ entlang des Integrationsvolumens $\boldsymbol{r}'$ beschrieben werden

$$\boldsymbol{A}(\boldsymbol{r}) = -\mu \int_V^{\square} \boldsymbol{G}_\Delta(\boldsymbol{r},\boldsymbol{r}') \, \boldsymbol{J}(\boldsymbol{r}') \, d^3\boldsymbol{r}' \tag{4.6}$$

Kennt man die Greensche Funktion des Laplace-Operators für den dreidimensionalen beziehungsweise zweidimensionalen Fall, ergibt sich die Gleichung für das entsprechende Vektorpotential im zweidimensionalen Fall

$$\boldsymbol{G}_\Delta(\boldsymbol{r},\boldsymbol{r}') = \frac{1}{2\pi} \ln(|\boldsymbol{r} - \boldsymbol{r}'|) \tag{4.7}$$

$$\rightarrow \qquad \boldsymbol{A}(\boldsymbol{r}) = -\frac{\mu_0}{2\pi} \int \boldsymbol{J}(\boldsymbol{r}') \ln\left(|\boldsymbol{r} - \boldsymbol{r}'|\right) d^2\boldsymbol{r}' \tag{4.8}$$

und im dreidimensionalen Fall

$$\boldsymbol{G}_\Delta(\boldsymbol{r},\boldsymbol{r}') = -\frac{1}{4\pi |\boldsymbol{r} - \boldsymbol{r}'|} \tag{4.9}$$

$$\rightarrow \qquad \boldsymbol{A}(\boldsymbol{r}) = \frac{\mu_0}{4\pi} \int \frac{\boldsymbol{J}(\boldsymbol{r}')}{|\boldsymbol{r} - \boldsymbol{r}'|} d^3\boldsymbol{r}' \tag{4.10}$$

Für die Berechnung einer Stack- oder CroCo-Anordnung reicht eine zweidimensionale Betrachtung des Problems. Die Anordnung besteht aus k_i Bändern, dabei wird jedes Band abermals in k_j Filamente unterteilt (siehe Abbildung 4.1). Die einzelnen Filamente werden durchnummeriert mit $k = 1 \ldots k_i \cdot k_j = 1 \ldots N$, wobei N für die Gesamtanzahl an Filamenten in der Anordnung steht. Jedes Filament hat eine Breite b_k sowie eine Stromdichte $j_{z,k}$. Der Richtungsvektor $r' = \binom{x'}{y'}$ markiert die Position für das Filament k. Der Richtungsvektor $r = \binom{x}{y}$ zeigt auf das Zentrum des Filaments n, an dem das magnetische Vektorpotential berechnet werden soll.

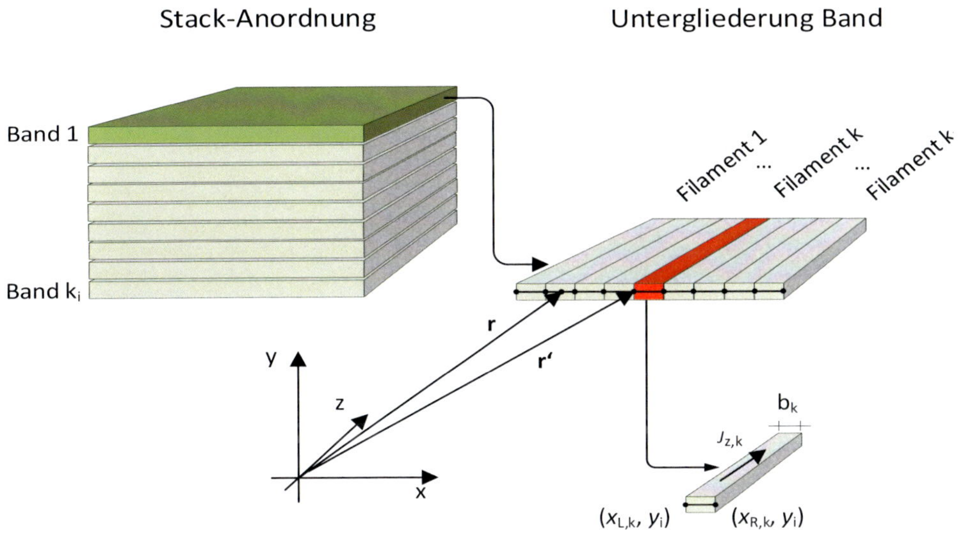

Abbildung 4.1: Unterteilung der HTS-Bänder in k_j Filamente mit Stromdichte j und Breite b.

Jedes Filament hat einen Anteil am magnetischen Vektorpotential bei Punkt $\boldsymbol{r}$. Eine Überlagerung aller Teil-Vektorpotentiale resultiert im vollständigen Vektorpotential $\boldsymbol{A}_{\text{int}}$ des Filaments n. Somit kann $\boldsymbol{A}_{\text{int}}$ an der Stelle $\boldsymbol{r}$ als Linearkombination aus dem Stromdichtevektor $\boldsymbol{j}_z$, der Größe $N \times 1$, und einer Geometriematrix $\underline{\boldsymbol{M}}$, der Größe $N \times N$, dargestellt werden

$$A_{\text{int,n}} = \sum_{k=1}^{N} A_{\text{z,k}} = \sum_{k=1}^{N} \underline{M}_{\text{n,k}} j_{\text{z,k}} \tag{4.11}$$

Auf Grund der Vernachlässigung der Bandhöhe wird ***r***' nur entlang der x-Achse des Filaments *k* integriert. Die Integrationsgrenzen sind definiert durch

$$x_{\mathrm{L,k}} \leq x'_{\mathrm{k}} \leq x_{\mathrm{R,k}} \text{ und } c_{\mathrm{k}} = y'_{\mathrm{k}}$$

Der Abstand zwischen Filament *k* und einem beliebigen Punkt (*x*,*y*) ergibt sich mit

$$|\boldsymbol{r} - \boldsymbol{r}'| = \left| \begin{pmatrix} x \\ y \end{pmatrix} - \begin{pmatrix} x'_{\mathrm{k}} \\ c_{\mathrm{k}} \end{pmatrix} \right| = \sqrt{(x - x'_{\mathrm{k}})^2 + (y - c_{\mathrm{k}})^2} \tag{4.12}$$

Setzt man Gleichung (4.12) in Gleichung (4.8) ein und berücksichtigt man, dass ***j*** nur eine Komponente in z-Richtung aufweist und wendet die Substitutionsregeln mit $u = x\text{-}x'_{\mathrm{k}}$ an, lässt sich das Integral einfach lösen. Das Teil-Potential am Punkt *r* kann somit berechnet werden mit

$$A_{\mathrm{z,k}}(\boldsymbol{r}) = -\frac{\mu_0 j_{\mathrm{z,k}}}{4\pi} \Big[u \ln(u^2 + (y - c_{\mathrm{k}})^2) - 2u + 2(y - c_{\mathrm{k}}) \tan^{-1}\Big(\frac{u}{y - c_{\mathrm{k}}}\Big) \Big]_{u=x-x_{\mathrm{L,k}}}^{x-x_{\mathrm{R,k}}} \tag{4.13}$$

$j_{\mathrm{z,k}}$ ist dabei die Stromdichte in z-Richtung des Filaments k.

Um eine Division durch 0 zu vermeiden, muss der spezielle Fall $y = y'_{\mathrm{k}} = c_{\mathrm{k}}$ gesondert berücksichtigt werden. Da hierbei der Term $\lim_{(y-c_{\mathrm{k}})\to 0} 2(y-c_{\mathrm{k}}) \tan^{-1}\left(\frac{u}{y-c_{\mathrm{k}}}\right) = 0$ ergibt, vereinfacht sich der Ausdruck (4.13) zu

$$A_{\mathrm{z,k}}(\boldsymbol{r}) = -\frac{\mu_0 j_{\mathrm{z,k}}}{4\pi} [u \cdot 2\ln(|u|) - 2u]_{u=x-x_{\mathrm{L,k}}}^{x-x_{\mathrm{R,k}}} \tag{4.14}$$

Unter Berücksichtigung der linearen Kombination der Geometriematrix $\underline{\boldsymbol{M}}$ mit dem Stromdichtevektor $\boldsymbol{j}_{\mathrm{z}}$ aus Gleichung (4.11) lässt sich das Vektorpotential an der Stelle $r = \begin{pmatrix} x_{\mathrm{n}} \\ y_{\mathrm{n}} \end{pmatrix}$ als Summe aller Teil-Vektorpotentiale darstellen

$$A_{\mathrm{int,n}} = \frac{\mu_0}{2\pi} \sum_{k=1}^{N} \underline{M}_{\mathrm{n,k}} j_{\mathrm{z,k}} \tag{4.15}$$

mit der Geometriematrix $\underline{\boldsymbol{M}}$

$$\underline{M}_{\mathrm{n,k}} = \begin{cases} \left[\begin{array}{l} \frac{1}{2} u\ln(u^2 + (y_\mathrm{n} - c_\mathrm{k})^2) - u + \\ (y_\mathrm{n} - c_\mathrm{k}) \tan^{-1}(\frac{u}{y_\mathrm{n} - c_\mathrm{k}}) \end{array}\right]_{u=x_\mathrm{n}-x_\mathrm{L,k}}^{x_\mathrm{n}-x_\mathrm{R,k}} & y_\mathrm{n} \neq c_\mathrm{k} \\ [u \cdot \ln(|u|) - 1]_{u=x_\mathrm{n}-x_\mathrm{L,k}}^{x_\mathrm{n}-x_\mathrm{R,k}} & y_\mathrm{n} = c_\mathrm{k} \end{cases} \quad \textbf{(4.16)}$$

Setzt man Gleichung (4.15) in (4.3) ein, bildet die inverse Matrix $\underline{\boldsymbol{M}}^{-1}$ und stellt die Terme entsprechend um, ergibt sich ein System aus *N* gewöhnliche Differentialgleichungen mit der Stromdichte j_z als Variablen, das numerisch berechnet werden kann

$$\frac{\partial j_{\mathrm{z,k}}}{\partial t} = \frac{\mu_0}{2\pi} \sum_{k=1}^{N} \underline{M}_{\mathrm{n,k}}^{-1} \left(-E_\mathrm{k}\left(j_{\mathrm{z,k}}\right) - \nabla\phi - \frac{\partial A_{n,\mathrm{ext}}}{\partial \mathrm{t}}\right) \quad \textbf{(4.17)}$$

Ein senkrecht auftretendes externes Feld $B_{\mathrm{y,ext}}$ an der Stelle r= $\binom{x_\mathrm{n}}{y_\mathrm{n}}$ kann über die zeitliche Ableitung des externen magnetischen Vektorpotentials $\frac{\partial A_{\mathrm{n,ext}}}{\partial \mathrm{t}}$ berücksichtigt werden. Die Rotation des magnetischen Vektorpotentials entspricht dem magnetischen Feld. Wird diese Gleichung umgestellt, ergibt sich für die z-Komponente des externen Vektorpotentials

$$A_{\mathrm{ext}}(t, \boldsymbol{r}) = A_\mathrm{z} = -\int B_{\mathrm{y,ext}}(t, \boldsymbol{r}) dx \quad \textbf{(4.18)}$$

Die Vorgabe des Nennstroms erfolgt über den Gradienten des elektrischen Skalarpotentials ϕ. Nach [OTT-19b] kann $\nabla\phi$ dabei als Regelkreis dargestellt werden mit

$$\nabla\phi = \gamma\,(i_{\mathrm{set}}(t) - i(t)) \quad \textbf{(4.19)}$$

Dabei entspricht γ einer Verstärkung der Rückführungsgröße (die Proportionalitätskonstante), $i_{\mathrm{set}}(t)$ ist der gewünschte Nennstrom zum Zeitpunkt *t* (die Führungsgröße) und i(t) = $\sum_\mathrm{k} b_\mathrm{k} j_\mathrm{k}$ ist der aktuelle Strom (die Regelgröße). Die Verstärkung γ wird dabei so gewählt, dass der resultierende Fehler der Rückführungsgröße $i_{\mathrm{set}}(t)$-$i(t)$ < 0,01 $i(t)$ unterschreitet.

Die nichtlineare Widerstandscharakteristik des Supraleiters erfordert einen geeigneten Lösungsalgorithmus. In dieser Arbeit wurde dafür der adaptive Lösungsalgorithmus *ode15s* von Matlab verwendet [SHA-97]. Allerdings bieten sich laut [PET-82, BRE-95] auch höher entwickelte Algorithmen wie der *DASSL* oder *DASPK* an.

4.1.2 Berechnung der Feldgrößen

Die kritische Stromstärke I_c eines HTS-Bands ist von der magnetischen Flussdichte $\boldsymbol{B}_{ext}$ und deren Orientierung abhängig (siehe Gleichung (2.12)). Der Zusammenhang zwischen dem magnetischen Feld und dem Vektorpotential kann dargestellt werden als:

$$\boldsymbol{B} = \nabla \times \boldsymbol{A} = \nabla \times \begin{pmatrix} 0 \\ 0 \\ A_z \end{pmatrix} = \begin{pmatrix} \frac{\partial A_z}{\partial y} \\ -\frac{\partial A_z}{\partial x} \\ 0 \end{pmatrix} \tag{4.20}$$

Setzt man für A_z die Gleichung (4.15) für das interne Vektorpotential $\boldsymbol{A}_{int}$ sowie (4.18) für das externe Vektorpotential $\boldsymbol{A}_{ext}$ ein, ergeben sich die senkrechten und parallelen Komponenten des Felds mit folgenden Gleichungen

$$B_{\parallel}(\boldsymbol{r}) = \frac{\mu_0}{2\pi} \sum_{k=1}^{N} j_{z,k} \frac{\partial \underline{M}_{n,k}}{\partial y} + \frac{\partial A_{n,ext}}{\partial y} = \frac{\mu_0}{2\pi} \sum_{k=1}^{N} j_{z,k} \frac{\partial \underline{M}_{n,k}}{\partial y} + B_{\parallel,ext} \tag{4.21}$$

$$B_{\perp}(\boldsymbol{r}) = -\frac{\mu_0}{2\pi} \sum_{k=1}^{N} j_{z,k} \frac{\partial \underline{M}_{n,k}}{\partial x} - \frac{\partial A_{n,ext}}{\partial x} = -\frac{\mu_0}{2\pi} \sum_{k=1}^{N} j_{z,k} \frac{\partial \underline{M}_{n,k}}{\partial x} - B_{\perp,ext} \tag{4.22}$$

Die beiden Terme $\frac{\partial \underline{M}_{n,k}}{\partial y}$ und $\frac{\partial \underline{M}_{n,k}}{\partial x}$ ergeben sich durch die Ableitung der Gleichung (4.16) zu

$$\frac{\partial \underline{M}_{n,k}}{\partial x} = \frac{1}{2} \ln \left(\frac{(x - x_{R,k})^2 + (y - y_k)^2}{(x - x_{L,k})^2 + (y - y_k)^2} \right) \tag{4.23}$$

$$\frac{\partial \underline{M}_{n,k}}{\partial y} = \begin{cases} \tan^{-1}\left(\frac{x - x_{R,k}}{y - y_k}\right) - \tan^{-1}\left(\frac{x - x_{L,k}}{y - y_k}\right) & y_n \neq c_k \\ 0 & y_n = c_k \end{cases} \tag{4.24}$$

4.1.3 Verlustleistung einer gestapelten Anordnung

Mit den Gleichungen (4.4) und (4.17) können die Stromdichte j_z und das elektrische Feld E_z für jedes Filament für einen beliebigen Zeitpunkt t berechnet werden. Für die momentane Verlustleistung der Anordnung werden die Verlustleistungen eines jeden Filaments addiert

$$p(t) = \sum_{n=1}^{N} j_{\mathrm{z,n}} E_{\mathrm{z,n}} b_{\mathrm{n}} \tag{4.25}$$

Für die Verlustenergie pro Periode Q wird die Verlustleistung $p(t)$ über die Periode $\frac{1}{f}$ integriert. In der Simulation treten während der ersten Periode allerdings transiente Effekte auf, deren Einfluss auf die Berechnung der Verlustenergie vermieden werden sollten. Daher werden zwei Perioden simuliert und nur über die zweite Periode integriert:

$$Q = \int_{1/f}^{2/f} p(t)dt \tag{4.26}$$

Die Verlustenergie wird dabei in $\frac{\mathrm{J}}{\mathrm{m}} = \frac{\mathrm{Ws}}{\mathrm{m}}$ angegeben. Um die Verlustleistung der Anordnung zu erhalten, muss die Verlustenergie mit der Frequenz f multipliziert werden

$$P = Qf \tag{4.27}$$

4.1.4 Überprüfung des mathematischen Modells

Für eine Überprüfung der Ergebnisse der Berechnungsmethode werden die Stromdichte j und das auf dem Band senkrecht stehende magnetische Feld $B_{\perp}$ mit Ergebnissen aus der in [BRA-94] beschriebenen analytischen Berechnungsmethode von Brandt und Indenbom verglichen. Bei dieser Methode wurde, aufbauend auf dem Bean-Modell, ein Formelsatz entwickelt, um Strom- und Magnetfeldprofile eines dünnen Typ-II Supraleiters berechnen zu können. Dafür wird entweder ein Transportstrom i, ein externes Magnetfeld $B_{\perp,\mathrm{ext}}$ oder beides simultan vorgegeben. Dabei wird die Dicke d des Bands als vernachlässigbar klein sowie ein konstanter kritischer Strom angenommen.

Im weiteren Verlauf wird nur der Fall eines Transportstroms betrachtet. Nach Brandt und Indenbom kann dafür das Stromprofil berechnet werden mit

$$j(x) = \begin{cases} \frac{2J_c}{\pi} arctan\left(\frac{\left(b/_2\right)^2 - b_e^2}{b_e^2 - x^2}\right)^{\frac{1}{2}} & |x| < b_e \\ J_c & b_e < |x| < w/_2 \end{cases} \quad \textbf{(4.28)}$$

und der Eindringtiefe b_e

$$b_e = b/_2 \, (1 - i^2/_{I_c^2})^{\frac{1}{2}} \quad \textbf{(4.29)}$$

Das Magnetfeld $B_\perp$ wird berechnet durch

$$H(x) = \begin{cases} 0 & |x| < b_e \\ \frac{xH_c}{|x|} arctanh\left(\frac{x^2 - b_e^2}{\left(b/_2\right)^2 - b_e^2}\right)^{\frac{1}{2}} & b_e < |x| < b/_2 \\ \frac{xH_c}{|x|} arctanh\left(\frac{\left(b/_2\right)^2 - b_e^2}{x^2 - b_e^2}\right)^{\frac{1}{2}} & |x| > b/_2 \end{cases} \quad \textbf{(4.30)}$$

und dem charakteristischen Magnetfeld H_c

$$H_c = \frac{J_c}{\pi} \quad \textbf{(4.31)}$$

Das Strom- oder Magnetfeldprofil ist abhängig von dem vorangegangenen Zustand, somit spielt es eine Rolle, ob man sich in der steigenden oder fallenden Flanke des oszillierenden Transportstroms befindet. Durch eine lineare Superposition kann das resultierende Profil ermittelt werden

$$j_{\downarrow\uparrow}(x, i, J_c) = \pm(j(x, \hat{\imath}, J_c) - j(x, \hat{\imath} - i, 2J_c)) \quad \textbf{(4.32)}$$

$$H_{\downarrow\uparrow}(x, i, J_c) = \pm(H(x, \hat{\imath}, J_c) - H(x, \hat{\imath} - i, 2J_c)) \quad \textbf{(4.33)}$$

Die Bandparameter können Tabelle 4.1 entnommen werden.

Um eine Vergleichbarkeit der Berechnungsmethoden zu gewährleisten, wird auch in der numerischen Berechnung ein konstantes J_c angenommen. In der numerischen Berechnungsmethode werden außerdem die drei n-Werte 10, 50 und 500 vorgegeben. Der sinusförmige Transportstrom hat einen Amplitudenwert $\hat{i} = 0{,}9\ I_c = 171$ A und eine Frequenz $f = 50$ Hz.

Tabelle 4.1: Bandparameter für den Vergleich des Stack-/CroCo-Modells mit Werten der Berechnungsmethode von Brandt und Indenbom.

Parameter	Symbol	Wert	Einheit
Bandbreite	b	4	mm
Kritischer Strom	I_c	190	A
n-Wert	n	10 bis 500	-
Kritische Feldstärke	E_c	100	µV/m

Das Profil des Magnetfelds und der Stromdichte innerhalb eines HTS-Bands wird für vier Zeitpunkte t_1 bis t_4 in Abbildung 4.2 dargestellt.

Die Zeitpunkte sind so gewählt, dass die Profile für einen maximalen und minimalen Transportstrom (t_1 und t_3) sowie für die Nulldurchgänge bei einer fallenden oder steigenden Flanke des Transportstroms (t_2 und t_4) dargestellt werden. Ein Vergleich zwischen den Zeitpunkten t_2 und t_4 zeigt, dass die Strom- und Magnetfeldverteilung von dem vorangegangenen Zustand abhängig ist.

Entsprechend wichtig für die Berechnung der Verteilung ist demnach, ob man sich in der abfallenden oder steigenden Flanke des Transportstroms befindet. Eine bessere Übereinstimmung der Ergebnisse wird bei großen n-Werten erreicht. Da die analytische Methode von Brandt und Indenbom auf dem Modell des kritischen Zustands basiert, wird ein n-Wert $\rightarrow \infty$ vorausgesetzt. Bei großen n-Werten nähert sich die numerische Methode dem Modell des kritischen Zustands an und erreicht somit auch eine bessere Übereinstimmung mit den analytischen Ergebnissen.

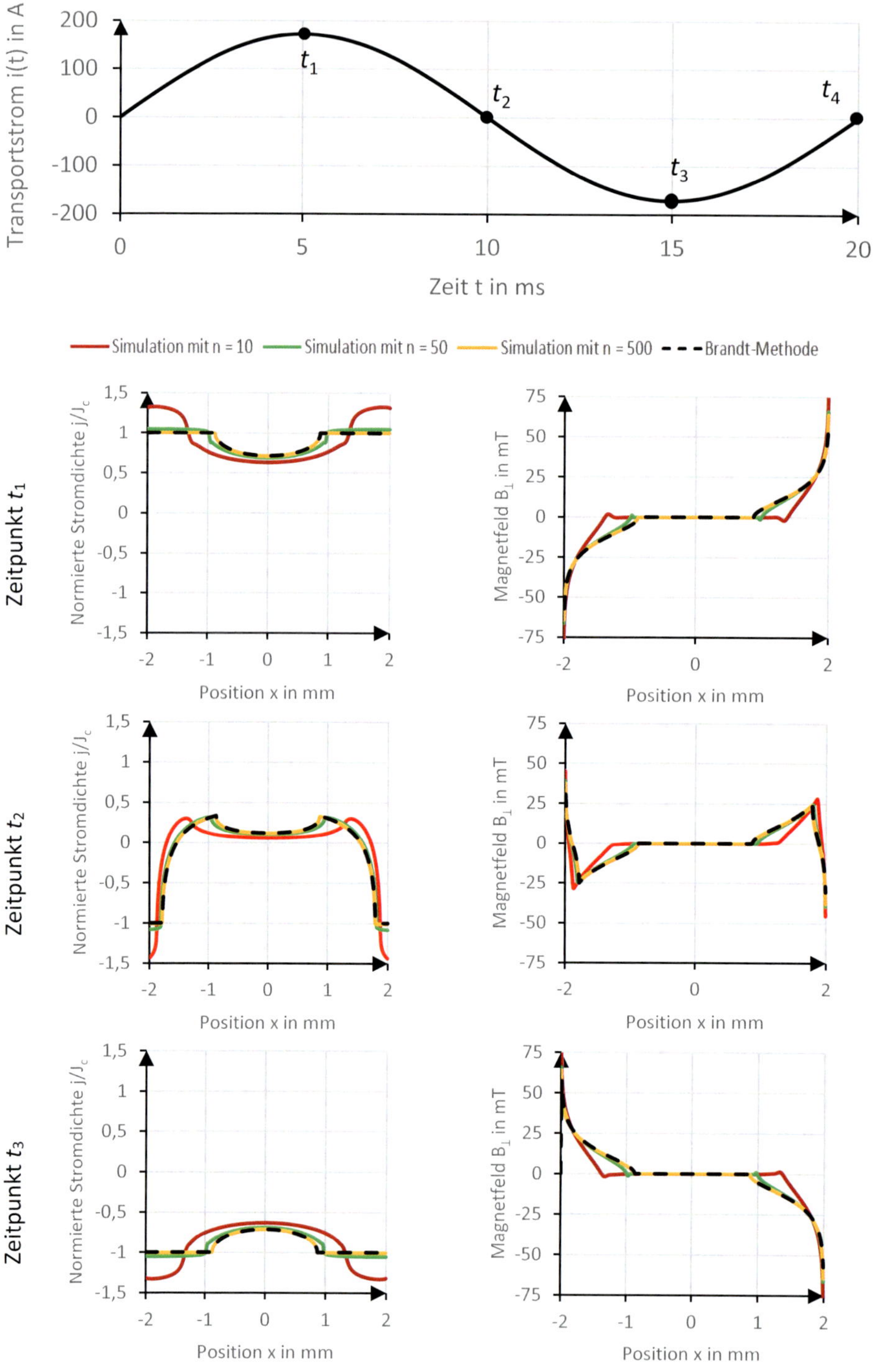

Transportstrom i(t) in A
200
100
0
-100
-200
0
5
10
15
20
Zeit t in ms
t_1
t_2
t_3
t_4
Simulation mit n = 10
Simulation mit n = 50
Simulation mit n = 500
Brandt-Methode
Zeitpunkt t_1
Zeitpunkt t_2
Zeitpunkt t_3
Normierte Stromdichte j/J_c
1,5
1
0,5
0
-0,5
-1
-1,5
-2
-1
0
1
2
Position x in mm
Magnetfeld $B_\perp$ in mT
75
50
25
0
-25
-50
-75

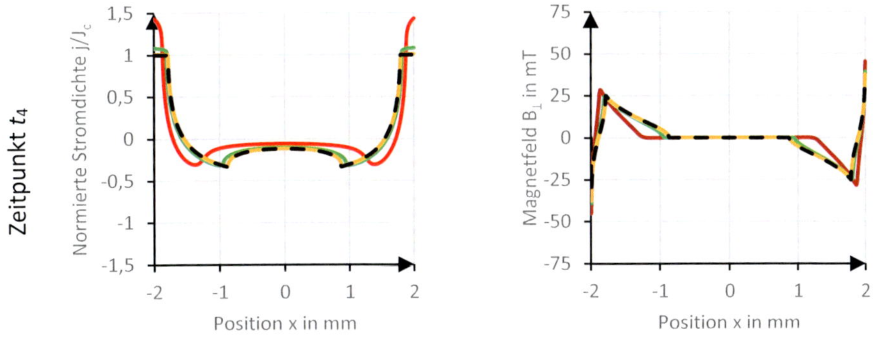

Abbildung 4.2: Normierte Stromdichte und Magnetfeld eines Bands an den vier Zeitpunkten t_1 bis t_4. Dargestellt sind die Simulationsergebnisse für drei unterschiedliche n-Werte sowie die analytischen Ergebnisse aus der Berechnungsmethode von Brandt und Indenbom.

Zusätzlich zu den Profilen werden die auftretenden Bandverluste bei einer Variation des Transportstroms von $\hat{i} = 0{,}1\, I_c \ldots I_c$ berechnet und mit den Ergebnissen der Norris-Gleichung für einen rechteckigen Bandleiter (4.34) sowie einen elliptischen Leiter (4.35) [NOR-70] verglichen und in Abbildung 4.3 dargestellt.

$$P_v(\hat{\imath}, I_c) = \frac{I_c^2 \mu_0}{\pi}((1-F)\ln(1-F) + (1+F)\ln(1+F) - F^2) \tag{4.34}$$

$$P_v(\hat{\imath}, I_c) = \frac{I_c^2 \mu_0}{\pi}((1-F)\ln(1-F) + (2-F)\frac{F}{2}) \tag{4.35}$$

$$\text{mit } F = \frac{\hat{\imath}}{I_c}$$

Die Verlustwerte der numerischen Berechnung für die Geometrie eines Bands mit vernachlässigbarer Dicke d zeigen eine größere Übereinstimmung mit den Werten der Norris-Gleichung für rechteckige Leiter.

Die maximale Abweichung zwischen den Werten der Norris-Gleichung und der numerisch berechneten Verlustleistung für $n = 500$ liegt bei unter 3 %, während die maximale Abweichung bei $n = 10$ über 50 % beträgt. Die numerische Berechnung nähert sich für große n-Werte dem Modell des kritischen Zustands an und zeigt damit eine bessere Übereinstimmung mit der Norris-Gleichung, die ebenfalls auf diesem Modell basiert. Eine größere Abweichung bei kleinen n-Werten gegenüber der analytischen Berechnung hat sich schon bei der Stromdichteverteilung gezeigt, siehe Abbildung 4.2.

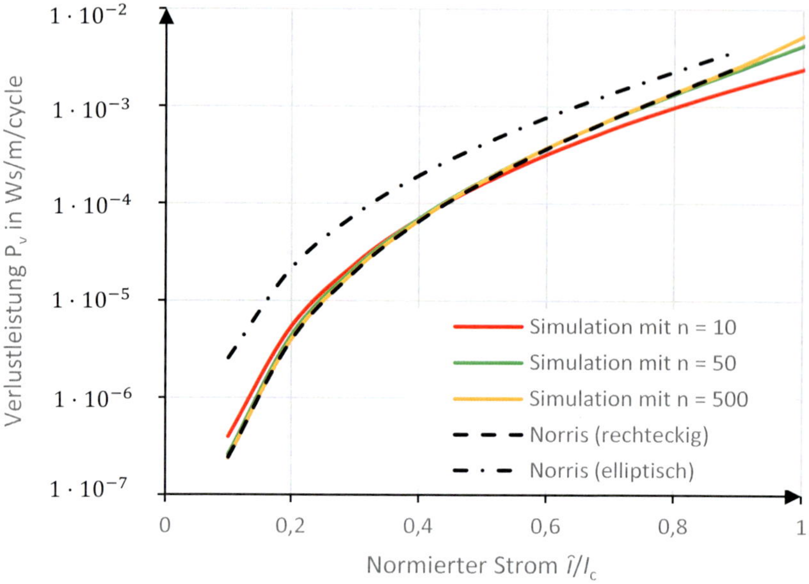

Abbildung 4.3: Verlustleistung eines Bands bei Variation der Amplitude des Transportstroms $\hat{\imath}$ von 0,1 I_c bis I_c.

Bei einer Stack- oder CroCo-Anordnung werden mehrere HTS-Bänder gestapelt angeordnet. Dabei spielt die Magnetfeldabhängigkeit des kritischen Stroms der Bänder eine erheblich größere Rolle für die Stromdichteverteilung und bei der Verlustberechnung.

In [SHE-19] wird eine einphasige und dreiphasige Anordnung von CroCo-Leitern vorgestellt sowie eine Verlustberechnung mit der H-Formulierung der Maxwell-Gleichungen durchgeführt. Die dabei verwendeten Daten des CroCo-Leiters können Tabelle 4.2 entnommen werden.

Die Anordnung der Leiter sowie die in der Berechnung verwendete zweidimensionale Geometrie ist in Abbildung 4.4 dargestellt. Für die Verlustberechnung wird die Amplitude des Transportstroms von $\hat{\imath} = 0{,}1\ I_c \ldots I_c$ erhöht. Die Frequenz beträgt $f = 50$ Hz. Die Magnetfeldabhängigkeit des kritischen Stroms der Bänder wird über Gleichung (2.12) implementiert. Auf Grund niedriger Frequenzen sind Wirbelstromverluste in normalleitenden Schichten des Supraleiterbands vernachlässigbar und es werden nur die Hystereseverluste betrachtet.

Tabelle 4.2: Daten des CroCo-Leiters zur Überprüfung der numerischen Verlustberechnung

	Symbol	Wert	Einheit
Schmale Bandbreite	b_1	4	mm
Breite Bandbreite	b_2	6	mm
Anzahl schmale Bandbreite	N_1	10	
Anzahl breite Bandbreite	N_2	22	
Kritischer Strom Band (bei Eigenfeld)	$I_{c,Band}$	39,55	A/mm
Kritischer Strom CroCo (bei Eigenfeld)	$I_{c,CroCo}$	3889	A
n-Wert	n	25	
Parameter $J_c(B_{\parallel},B_{\perp})$	J_{c0}	$4{,}75 \cdot 10^{10}$	A/m^2
	k	0,25	
	B_c	0,035	
	e	0,6	

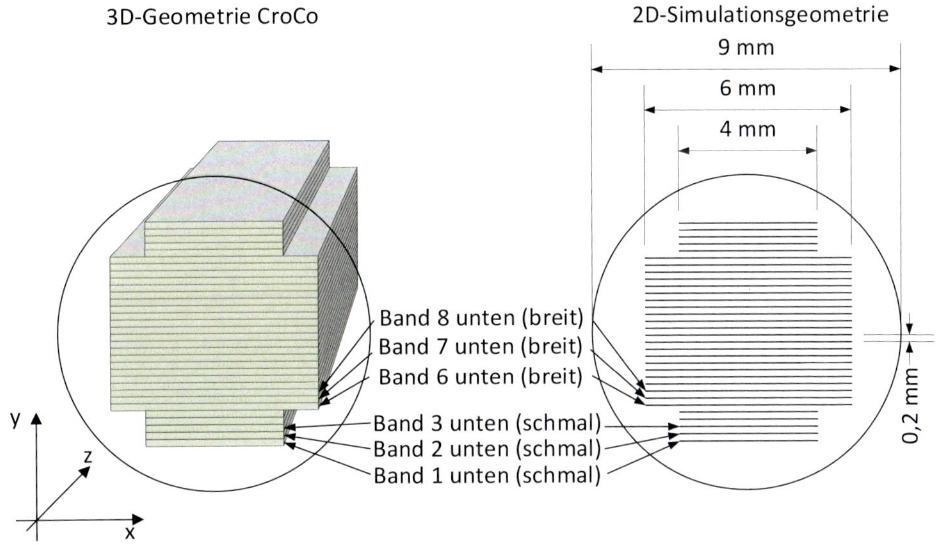

Abbildung 4.4: Simulationsgeometrie einer CroCo-Anordnung zur Überprüfung der numerischen Verlustberechnung.

Die in [SHE-19] berechneten Verluste werden als Referenzwert mit den Verlustwerten der numerischen Berechnung verglichen (siehe Abbildung 4.5). Als weitere Referenz werden die Verlustwerte der Norris-Gleichung für elliptische Leiter eingefügt, da ein CroCo-Leiter eine annähernd elliptische Form aufweist.

Die maximale Abweichung zwischen den numerisch berechneten Verlusten und den Referenzwerten beträgt 20 % bei einem niedrigen Transportstrom und zeigt damit eine gute Übereinstimmung zwischen diesen beiden Berechnungsmethoden. Für einen hohen Transportstrom verringert sich die Abweichung auf bis zu 8 %.

Die Abweichung zwischen numerischer Methode und der Norris-Gleichung für elliptische Leiter beträgt maximal 40 %. Diese kann mit dem geringen n-Wert von $n = 25$ bei der numerischen Berechnung erklärt werden, während die Norris-Gleichung von einem Wert $n \to \infty$ ausgeht.

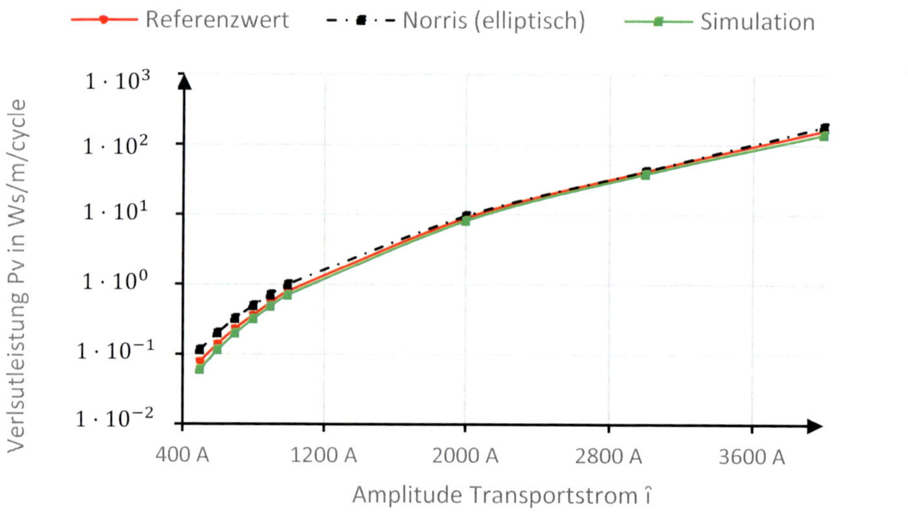

Abbildung 4.5: Verlustleistung der CroCo-Anordnung bei Variation der Amplitude des Transportstroms $\hat{i}$ von 0,1 I_c bis I_c.

Als letzter Überprüfungsschritt wurde die Stromaufteilung auf die einzelnen Bänder des CroCo untersucht. Dafür werden die Stromverläufe der drei untersten schmalen Bänder (Band 1 bis 3) sowie der drei untersten breiten Bänder (Band 6 bis 8) mit den Referenzwerten aus [SHE-19] verglichen. Betrachtet wird die Stromaufteilung bei einem Gesamtstrom mit der Amplitude $\hat{i} = 3000$ A (77 % des $I_{c,\text{CroCo}}$) und einer Frequenz $f = 50$ Hz. Die Stromaufteilung auf die einzelnen Bänder zeigt eine gute Übereinstimmung mit der Berechnungsmethode der Referenz, Abbildung 4.6 und Abbildung 4.7. Bei dem außen liegenden schmalen Band 1 kommt es zu geringfügig größeren Abweichungen, resultierend aus dem höheren Magnetfeld an dieser Stelle.

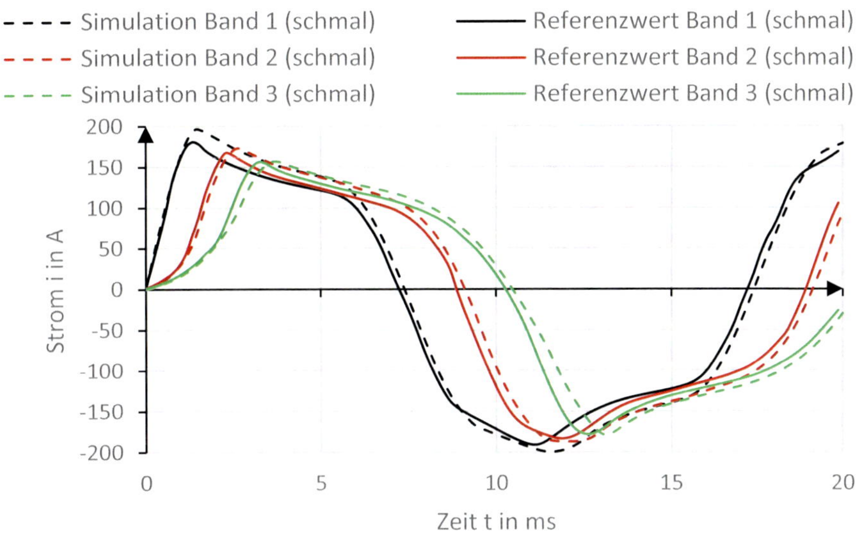

Abbildung 4.6: Stromaufteilung der drei unteren schmalen Bänder des CroCo (Band 1 bis 3) zur Überprüfung der numerischen Verlustberechnung.

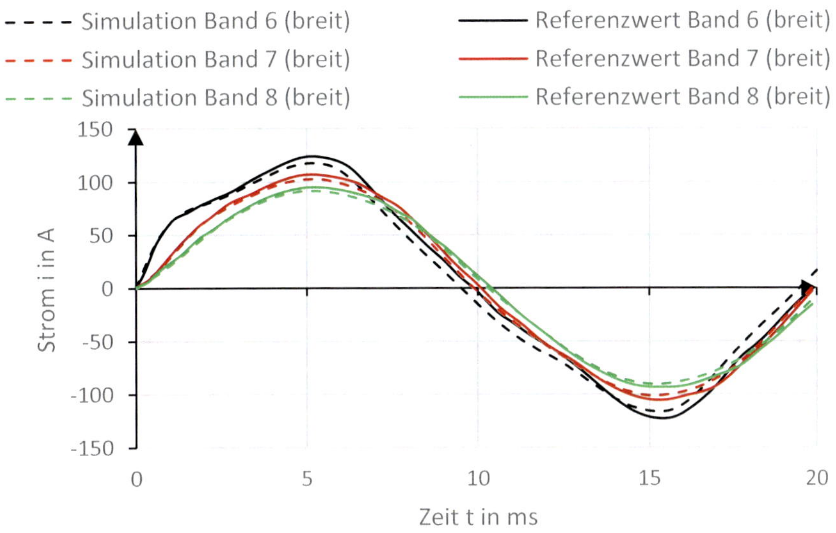

Abbildung 4.7: Stromaufteilung der drei unteren breiten Bänder des CroCo (Band 6 bis 8) zur Überprüfung der numerischen Verlustberechnung.

4.2 Mathematisches Modell einer CorC-Anordnung

Die in Kapitel 3.6 vorgestellte CorC-Anordnung stellt für die Berechnung der AC-Verluste eine besondere Herausforderung dar. Für die meisten helikal gewickelten Anordnungen, zum Beispiel bei konzentrischen Kabelkonfigurationen, werden die Geometrien auf zwei Dimensionen vereinfacht, indem die Wicklung vernachlässigt und die Bänder gerade parallel verlaufend angenommen werden [FUK-06, JIA-08, NAK-08]. Speziell bei CorC-Anordnungen ist der Wicklungswinkel und die Wicklungsrichtung jedoch eine wichtige Einflussgröße für die Stromverteilung und das resultierende Magnetfeld.

Eine weitere Annahme ist die Reduzierung einer Wicklungslage auf einen dünnen Hohlzylinder. Das *Monoblock-Modell aus Kapitel 2.3* bedient sich dieser Vereinfachung und entwickelt daraus eine analytische Lösung für AC-Verluste. Hierbei werden allerdings die Abstände zwischen den Bändern der Wicklungslage und die daraus resultierenden veränderten Magnetfeldverhältnisse nicht berücksichtigt, daher fallen die AC-Verluste tendenziell zu niedrig aus [HON-03a].

Für die Entwicklung eines mathematischen Modells zur Berechnung der Verluste einer CorC-Anordnung wird daher die dreidimensionale Geometrie des Leiters und der einzelnen Bänder berücksichtigt. Des Weiteren gelten die gleichen Annahmen wie in Kapitel 4.1:

- Normalleitende Schichten werden vernachlässigt, da der Widerstand im Vergleich zur supraleitenden Schicht als wesentlich höher angenommen wird
- Die Dicke des Bandes ist vernachlässigbar
- Die REBCO-Bänder besitzen keine ferromagnetischen Schichten
- Die REBCO-Bänder haben den identischen kritischen Strom

Da ein Band helikal um einen Former gewickelt ist, wird vorausgesetzt, dass der Strom nur eine Komponente entlang der helikalen Bahn des Bands hat und der Stromdichtevektor tangential dazu verläuft. Dabei wird der Garber-Effekt vernachlässigt, der auf Grund unterschiedlicher Magnetfeldbelastungen der oberen und unteren Seite des Bands weitere Stromkomponenten voraussetzt [GAR-76].

Ähnlich dem Modell für eine einphasige Stack-/CroCo-Anordnung wird die von Brand vorgestellt Methode zur Berechnung der Stromdichte in einem supraleitenden Band [BRA-96, BRA-94] als Grundlage genommen. Aufbauend auf den Maxwell-Gleichungen wird das elektrische Feld $\boldsymbol{E}$ dargestellt mit Gleichung (4.2), sowie das *E-J* Verhältnis mit Gleichung (4.4) und die Magnetfeldabhängigkeit des Supraleiterband mit Gleichung

(2.12). Da ein helikal fließender Strom $i_h(t)$ vorausgesetzt ist, werden auch vom elektrischen Feld sowie vom magnetischen Vektorpotential nur die helikalen Komponenten benötigt

$$E_h = -\nabla\phi - \frac{\partial A_h}{\partial t} \tag{4.36}$$

Auch hier wird die Stromquelle durch den Gradienten des elektrischen Skalarpotentials $\nabla\phi$ mit Gleichung (4.19) dargestellt.

4.2.1 Methode zur Berechnung des Vektorpotentials

Die Berechnung der Stromdichte einer CorC-Anordnung nach der Methode von Brandt erfordert eine dreidimensionale Betrachtung der Geometrie, wie sie in [SIA-10] für einlagige gewickelte Anordnungen angewendet wurde. Dafür wird unterschieden zwischen dem globalen Koordinatensystem $\boldsymbol{O} = (x,y,z)$ sowie einem lokalen Koordinatensystem $\boldsymbol{O}' = (\boldsymbol{u},\boldsymbol{v},\boldsymbol{n})$, das der helikalen Trajektorie des Bands folgt (siehe hierzu Abbildung 4.8).

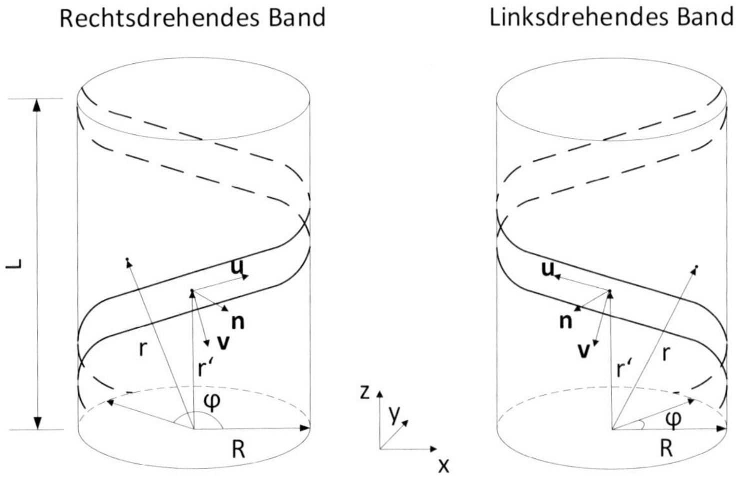

Abbildung 4.8: Lokales (rechtshändiges Koordinatensystem) und globales Koordinatensystem eines helikal gewickelten Bands mit Notation wichtiger geometrischer Größen.

Die Koordinaten einer nach rechts- oder linksdrehender Trajektorie im globalen Koordinatensystem O können folgendermaßen mathematisch beschrieben werden

Linksdrehende Trajektorie	Rechtsdrehende Trajektorie	
$\boldsymbol{c}_{\mathrm{l}}(g) = \begin{pmatrix} Rcos(2\pi g + \varphi) \\ -Rsin(2\pi g + \varphi) \\ L_w g \end{pmatrix}$	$\boldsymbol{c}_{\mathrm{r}}(g) = \begin{pmatrix} Rcos(2\pi g + \varphi) \\ Rsin(2\pi g + \varphi) \\ L_w g \end{pmatrix}$	**(4.37)**

wobei R dem Radius des Formers und die Ganghöhe L_{w} der Höhe nach einer vollen Wicklung des Bands entspricht sowie g die Laufvariable und φ der Startwinkel des Bandes ist.

Daraus ergeben sich die Einheitsvektoren des links- oder rechtsdrehenden lokalen Koordinatensystems $\boldsymbol{O'} = (\boldsymbol{u},\boldsymbol{v},\boldsymbol{n})$ mit

Linksdrehendes lokales Koordinatensystem $\boldsymbol{O}_{\mathrm{l}}'$	Rechtsdrehendes lokales Koordinatensystem $\boldsymbol{O}_{\mathrm{r}}'$	
$\boldsymbol{u}_{\mathrm{l}} = \frac{2\pi R}{L} \begin{pmatrix} -\sin(2\pi g + \varphi) \\ -\cos(2\pi g + \varphi) \\ \frac{L_w}{2\pi R} \end{pmatrix}$	$\boldsymbol{u}_{\mathrm{r}} = \frac{2\pi R}{L} \begin{pmatrix} -\sin(2\pi g + \varphi) \\ \cos(2\pi g + \varphi) \\ \frac{L_w}{2\pi R} \end{pmatrix}$	**(4.38)**
$\boldsymbol{v}_{\mathrm{l}} = -\frac{L_w}{L} \begin{pmatrix} \sin(2\pi g + \varphi) \\ \cos(2\pi g + \varphi) \\ \frac{2\pi R}{L_w} \end{pmatrix}$	$\boldsymbol{v}_{\mathrm{r}} = \frac{L_w}{L} \begin{pmatrix} \sin(2\pi g + \varphi) \\ -\cos(2\pi g + \varphi) \\ \frac{2\pi R}{L_w} \end{pmatrix}$	**(4.39)**
$\boldsymbol{n}_{\mathrm{l}} = \begin{pmatrix} \cos(2\pi g + \varphi) \\ -\sin(2\pi g + \varphi) \\ 0 \end{pmatrix}$	$\boldsymbol{n}_{\mathrm{r}} = \begin{pmatrix} \cos(2\pi g + \varphi) \\ \sin(2\pi g + \varphi) \\ 0 \end{pmatrix}$	**(4.40)**

Die Länge L des Bands nach einer kompletten Wicklung wird berechnet mit

$$L = \sqrt{(2\pi R)^2 + L_w^2} \qquad \textbf{(4.41)}$$

Der Vektor $\mathrm{r'} = \begin{pmatrix} x' \\ y' \\ z' \end{pmatrix}$ markiert den Integrationsweg für die Berechnung des magnetischen Vektorpotentials an der Stelle $\mathrm{r} = \begin{pmatrix} x \\ y \\ z \end{pmatrix}$.

Entspricht $2a$ der Bandbreite und wird die Bandoberfläche über den *„Längenparameter"* g und den *„Breitenparameter"* v definiert, kann r' dargestellt werden mit

$$\boldsymbol{r}' = \boldsymbol{c}(g) + av\boldsymbol{v} \tag{4.42}$$

Das magnetische Vektorpotential $\boldsymbol{A}(\boldsymbol{r})$ wird nach dem Lösen der Poisson-Gleichung (4.5) und der Anwendung der Greenschen Funktion des Laplace Operators für den dreidimensionalen Fall (Gleichung (4.9)) berechnet mit

$$\boldsymbol{A}(\boldsymbol{r}) = \frac{\mu_0}{4\pi}\int \frac{\boldsymbol{j}(\boldsymbol{r}')}{|\boldsymbol{r}-\boldsymbol{r}'|} d^3\boldsymbol{r}' \tag{4.43}$$

Es wird vorausgesetzt, dass der Strom nur eine helikale Komponente entlang des Leiters hat. Die Stromdichte entspricht somit $\boldsymbol{j} = j\,\boldsymbol{u}$ und wird über den Raum mit $d^3\boldsymbol{r}' = (L\ dg)\ (a\ dv)$ integriert. Auf Grund der vernachlässigten Bandhöhe wird nur über die Breite und die Länge des Bands integriert. Die Integrationsgrenzen sind dabei folgendermaßen definiert (n_p Anzahl der betrachteten Windungen):

$$-1 \leq v \leq 1 \qquad\qquad -\frac{n_p}{2} \leq g \leq \frac{n_p}{2} \tag{4.44}$$

Daraus ergibt sich

$$\boldsymbol{A}(\boldsymbol{r}) = \frac{\mu_0 L j}{4\pi}\int_{-\frac{n_p}{2}}^{\frac{n_p}{2}} \boldsymbol{u} \int_{-1}^{1} \frac{1}{|\boldsymbol{r}-\boldsymbol{r}'|} dv dg \tag{4.45}$$

Mit Gleichung (4.42) kann der Abstand $|\boldsymbol{r}-\boldsymbol{r}'|$ berechnet werden

$$|\boldsymbol{r}-\boldsymbol{r}'| = \left|\begin{pmatrix} x \\ y \\ z \end{pmatrix} - (\vec{c}(g) + av\hat{v})\right| = \sqrt{v^2 + Bv + K} \tag{4.46}$$

mit den Definitionen von B und K abhängig davon, ob ein rechts- oder linksdrehendes Band betrachtet wird. Für ein linksdrehendes Band folgt

$$B_l(g) = \frac{2}{aL}\left(L_w\left(x\sin(2\pi g + \varphi) + y\cos(2\pi g + \varphi)\right) + (z - L_w g)\ 2\pi R\right) \tag{4.47}$$

$$K_l(g) = \frac{1}{a^2}\left(\left(x - Rcos(2\pi g + \varphi)\right)^2 + \left(y + Rsin(2\pi g + \varphi)\right)^2 + (z - L_w g)^2\right) \quad \textbf{(4.48)}$$

und für ein rechtsdrehendes Band

$$B_r(g) = -\frac{2}{aL}\left(L_w\left(xsin(2\pi g + \varphi) - ycos(2\pi g + \varphi)\right) + (z - L_w g)\, 2\pi R\right) \quad \textbf{(4.49)}$$

$$K_r(g) = \frac{1}{a^2}\left(\left(x - Rcos(2\pi g + \varphi)\right)^2 + \left(y - Rsin(2\pi g + \varphi)\right)^2 + (z - L_w g)^2\right) \quad \textbf{(4.50)}$$

Zusammengefasst ergibt sich folgendes Doppelintegral für die Berechnung des magnetischen Vektorpotentials am Punkt ***r***

$$\boldsymbol{A}(\boldsymbol{r}) = \frac{\mu_0 Lj}{4\pi}\int_{-\frac{n_p}{2}}^{\frac{n_p}{2}} \boldsymbol{u} \int_{-1}^{1} \frac{1}{\sqrt{v^2 + B(g)v + K(g)}}\, dvdg \quad \textbf{(4.51)}$$

Das innere Integral lässt sich analytisch lösen durch

$$I_0(g) = \int_{-1}^{1} \frac{1}{\sqrt{v^2 + B(g)v + K(g)}}\, dv = \ln\left(\frac{B(g) + 2 + 2\sqrt{1 + B(g) + K(g)}}{B(g) - 2 + 2\sqrt{1 - B(g) + K(g)}}\right) \quad \textbf{(4.52)}$$

Wird die analytische Lösung der Gleichung (4.52) in Gleichung (4.51) eingesetzt, reduziert sich das Doppelintegral zu einem einfachen Integral und kann mit numerischen Methoden wesentlich schneller gelöst werden. Setzt man für ***u*** noch Gleichung (4.38) ein, ergibt sich für die Komponenten von ***A*** im globalen Koordinatensystem:

Linksdrehendes Band

$$A_{\mathrm{l,x}} = -\frac{\mu_0 Rj}{2}\int_{-\frac{n_p}{2}}^{\frac{n_p}{2}} \sin(2\pi g + \varphi)\, I_0(g)\, dg \quad \textbf{(4.53)}$$

$$A_{\mathrm{l,y}} = -\frac{\mu_0 Rj}{2}\int_{-\frac{n_p}{2}}^{\frac{n_p}{2}} \cos(2\pi g + \varphi)\, I_0(g)\, dg \quad \textbf{(4.54)}$$

$$A_{\mathrm{l,z}} = \frac{\mu_0 L_w j}{4\pi} \int_{-\frac{n_p}{2}}^{\frac{n_p}{2}} I_0(g)\, dg \tag{4.55}$$

Rechtsdrehendes Band

$$A_{\mathrm{r,x}} = -\frac{\mu_0 R j}{2} \int_{-\frac{n_p}{2}}^{\frac{n_p}{2}} \sin(2\pi g + \varphi)\, I_0(g)\, dg \tag{4.56}$$

$$A_{\mathrm{r,y}} = \frac{\mu_0 R j}{2} \int_{-\frac{n_p}{2}}^{\frac{n_p}{2}} \cos(2\pi g + \varphi)\, I_0(g)\, dg \tag{4.57}$$

$$A_{\mathrm{r,z}} = \frac{\mu_0 L_w j}{4\pi} \int_{-\frac{n_p}{2}}^{\frac{n_p}{2}} I_0(g)\, dg \tag{4.58}$$

Allerdings divergiert I_0 für den Sonderfall, dass $\boldsymbol{r} = \boldsymbol{r}'$ entspricht. Hierfür wurde in [SIA-10] ein semi-analytischer Ansatz vorgestellt. Das gewickelte Band wird in rechteckige Teilelemente mit der Breite *w* und der Höhe *h* zerlegt (siehe Abbildung 4.9). In jedem Teilelement fließt ein Strom in Richtung der u-Achse.

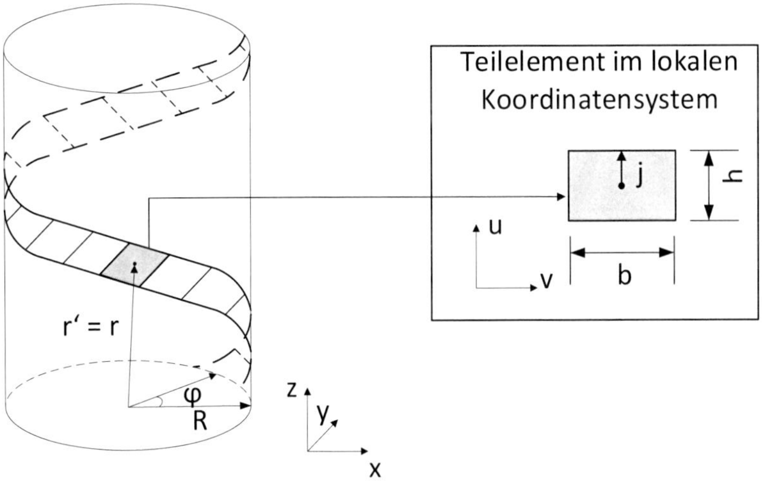

Abbildung 4.9: Untergliederung des Bands in Teilelemente (mod. nach [SIA-10]).

Der semi-analytische Ansatz betrachtet die Berechnung des Vektorpotentials im lokalen Koordinatensystem des jeweiligen Teilelements. Jedes Teilelement mit den Koordinaten $\boldsymbol{r}' = (u',v',n')$ trägt dabei einen Anteil am magnetischen Vektorpotential an der Stelle

$\boldsymbol{r}$ = (u,v,n) bei. Dabei ist nur die helikale Komponente A_u des Vektorpotentials in Richtung des Bands von Interesse. A_v und A_n werden dementsprechend zu 0 gesetzt, während A_u mit folgendem Doppelintegral berechnet wird

$$A_u(\boldsymbol{r}) = \frac{\mu_0 j}{4\pi} \int_{-\frac{w}{2}}^{\frac{w}{2}} \int_{-\frac{h}{2}}^{\frac{h}{2}} \frac{1}{P} du'dv' \tag{4.59}$$

mit

$$P = \sqrt{U^2 + n^2 + V^2}$$

und

$$U = u - u' \qquad\qquad V = v - v'$$

Für dieses Doppelintegral existiert eine analytische Lösung mit

$$A_u(\boldsymbol{r}) = \frac{\mu_0 j}{4\pi} \left(u' + n \left[\arctan\left(\frac{U}{n}\right) - \arctan\left(\frac{UV}{nP}\right) \right] + U\, ln(V + P) + V \ln(U + P) \right) \Bigg|_{v'=-\frac{w}{2}}^{v'=\frac{w}{2}} \Bigg|_{u'=-\frac{h}{2}}^{u'=-\frac{h}{2}} \tag{4.60}$$

Die Vektorpotentiale an der Stelle $\boldsymbol{r}$ werden mit der Inversen der Rotationsmatrix $R_{L\rightarrow G}$ vom lokalen ins globale Koordinatensystem überführt und nach dem Prinzip der Superposition überlagert, um somit das resultierende magnetische Vektorpotential $\boldsymbol{A}(\boldsymbol{r} = \boldsymbol{r}')$ zu erhalten.

$$\begin{pmatrix} A_x(r) \\ A_y(r) \\ A_z(r) \end{pmatrix} = R_{L\rightarrow G}^{-1} \begin{pmatrix} A_u(r) \\ 0 \\ 0 \end{pmatrix} \qquad \text{mit} \qquad R_{L\rightarrow G} = \begin{pmatrix} \boldsymbol{u} \\ \boldsymbol{n} \\ \boldsymbol{v} \end{pmatrix} \tag{4.61}$$

Eine CorC-Anordnung besteht insgesamt aus k_i Bändern, die jeweils noch einmal in k_j Filamente zerlegt werden, ähnlich der Vorgehensweise in Kapitel 4.1. Die Gesamtanzahl an Filamenten beträgt $N = k_i\, k_j$, diese werden durchnummeriert mit $k = 1 \ldots N$. Jedes Filament hat eine Breite b_k und die Stromdichte $j_{u,k}$.

Jedes Filament hat einen Anteil am magnetischen Vektorpotential der Stelle $\boldsymbol{r}$. Eine Überlagerung dieser Teil-Potentiale resultiert im vollständigen Vektorpotential $\boldsymbol{A}_{int}$ und kann wieder als Linearkombination aus dem Stromdichtevektor j_{u}, der Größe $N \times 1$ und einer Geometriematrix $\boldsymbol{M}$ der Größe $N \times N$ dargestellt werden.

Bei der Betrachtung einer einlagigen Wicklung, ist die Wicklungsrichtung aller Bänder identisch und es können vereinfachende Annahmen getroffen werden. Wie anfangs erwähnt, hat der Strom nur eine helikale Komponente, die berücksichtigt werden muss. Somit ist für die Berechnung auch nur die helikale Komponente des magnetischen Vektorpotentials relevant und kann mit der Rotationsmatrix aus Gleichung (4.61) bestimmt werden:

$$A_{\mathrm{int,m}} = \sum_{k=1}^{N} A_{\mathrm{u,k}} = \sum_{k=1}^{N} M_{\mathrm{m,k}} j_{\mathrm{u,k}} \tag{4.62}$$

mit

$$\begin{pmatrix} A_{\mathrm{u}}(\boldsymbol{r}) \\ A_{\mathrm{n}}(\boldsymbol{r}) \\ A_{\mathrm{v}}(\boldsymbol{r}) \end{pmatrix} = R_{\mathrm{L}\to\mathrm{G}} \begin{pmatrix} A_{x}(\boldsymbol{r}) \\ A_{y}(\boldsymbol{r}) \\ A_{z}(\boldsymbol{r}) \end{pmatrix} \tag{4.63}$$

Zudem kann angenommen werden, dass eine gleichmäßige Stromaufteilung auf die Bänder stattfindet und die Magnetfeldbelastung entlang eines Filaments identisch bleibt. Daher ist es ausreichend, die Stromverteilung innerhalb der Bänder entlang einer Berechnungslinie tangential zur Bandoberfläche zu berechnen, Abbildung 4.10.

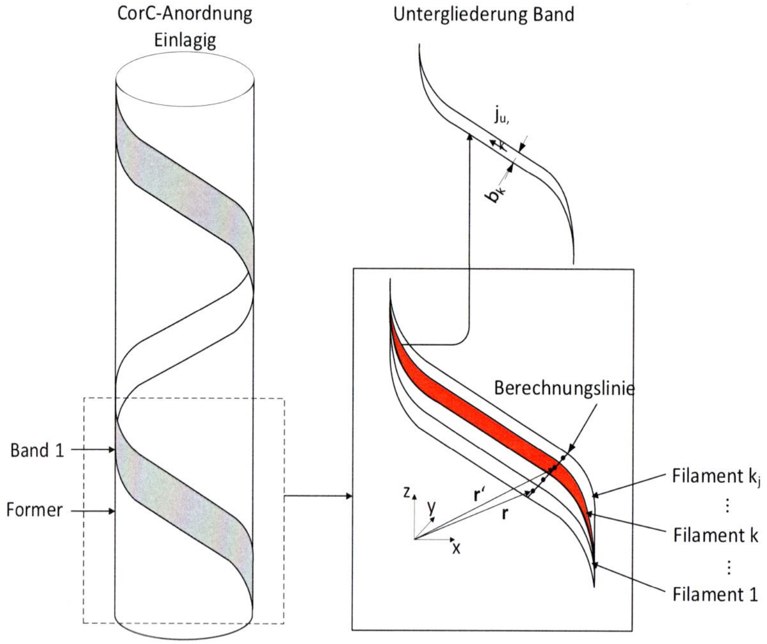

Abbildung 4.10: Gewickelter Leiter mit resultierender Unterteilung der HTS-Bänder in k_j Filamente mit Stromdichte $j_{u,k}$ und Breite b_k.

Bei mehrlagig gewickelten Anordnungen werden benachbarte Wicklungslagen gegensätzlich gewickelt, um eine Reduzierung des magnetischen Felds zu erreichen. Die vereinfachende Annahme einer gleichmäßigen Stromaufteilung auf die Bänder und einer identischen Magnetfeldbelastung entlang eines Filaments ist nicht mehr zutreffend. Daher wird ein Berechnungsnetz benötigt, um das magnetische Vektorpotential auf der kompletten Bandoberfläche zu bestimmen (siehe Abbildung 4.11). Eine Mittelwertbildung der Geometriematrix $\underline{\boldsymbol{M}}$ entlang eines Filaments reduziert das Berechnungsnetz wieder auf eine Berechnungslinie pro Band. Ist die Geometriematrix $\underline{\boldsymbol{M}}$ gefunden, wird aus Gleichung (4.62) und (4.3) ein System aus N gewöhnliche Differentialgleichung mit der Stromdichte $\boldsymbol{j}_{\mathrm{u}}$ erstellt und numerisch berechnet mit

$$\frac{\partial j_{\boldsymbol{u},\mathrm{k}}}{\partial t} = \frac{\mu_0}{2\pi} \sum_{k=1}^{N} \underline{M}_{m,k}^{-1} \left(-E_{\mathrm{k}}\left(j_{u,\mathrm{k}}\right) - \nabla\phi - \frac{\partial A_{\mathrm{k,ext}}}{\partial \mathrm{t}}\right) \tag{4.64}$$

Ein externes Feld $\boldsymbol{B}_{\mathbf{ext}}$ kann durch Gleichung (4.18) berücksichtigt werden. Die Einprägung des Stroms erfolgt durch das elektrische Skalarpotential $\nabla\phi$ nach Gleichung (4.19).

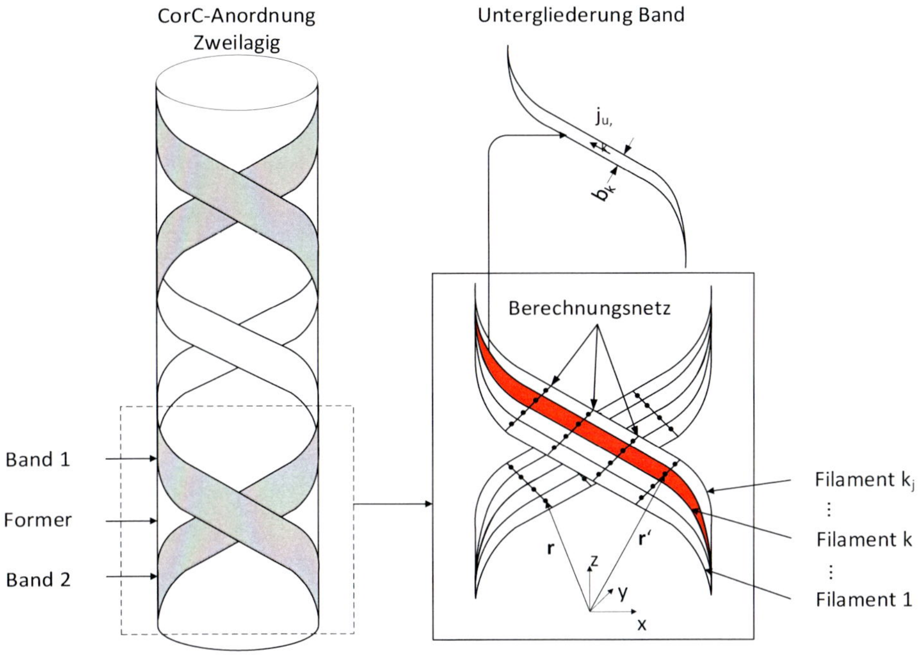

Abbildung 4.11: Gewickelte Leiter mit unterschiedlicher Ausrichtung der Wicklungslagen und daraus resultierend die Unterteilung der HTS-Bänder in k_j Filamente mit der Stromdichte $j_{u,k}$ und Breite b_k.

4.2.2 Berechnung der Feldgrößen

Vergleichbar mit Kapitel 4.1.2 muss auch bei einer gewickelten Anordnung von REBCO-Bändern das magnetische Feld und seine Ausrichtung bei der Berechnung des kritischen Stroms berücksichtigt werden. In [URA-82] wird ein analytischer Ausdruck für die Komponenten der magnetischen Feldstärke ***B*** für dünne rechteckige Segmente mit einem konstanten Strom hergeleitet.

Eine Unterteilung der Bänder in k_e rechteckige Elemente, wie in Abbildung 4.9 zu sehen, ermöglicht die Berechnung des Magnetfeldanteils eines jeden Teilelements an der Position $\boldsymbol{r} = (u,n,v)$ des lokalen Koordinatensystems

$$B_{k_e,v} = \frac{\mu_0 j}{4\pi} \sum_{k_i=1}^{2} \sum_{k_j=1}^{2} (-1)^{k_i+k_j+1} \arctan\left(\frac{\gamma_{k_i}\lambda_{k_j}}{n r_{k_i k_j}}\right) \quad \textbf{(4.65)}$$

$$B_{k_{\mathrm{e}},\mathrm{n}} = \frac{\mu_0 j}{4\pi} \sum_{k_{\mathrm{i}}=1}^{2} \sum_{k_{\mathrm{j}}=1}^{2} (-1)^{k_i+k_j} \sinh^{-1} \left(\frac{\lambda_{k_{\mathrm{j}}}}{\alpha_{k_{\mathrm{i}}}}\right) \tag{4.66}$$

mit

$$\gamma_{1,2} = \mp\frac{b}{2} - v \qquad \lambda_{1,2} = \mp\frac{h}{2} - u$$
$$r_{k_{\mathrm{i}}k_{\mathrm{j}}} = \sqrt{\gamma_{k_{\mathrm{i}}}^2 + n^2 + \lambda_{k_{\mathrm{j}}}^2} \qquad \alpha_{k_{\mathrm{i}}} = \sqrt{\gamma_{k_{\mathrm{i}}}^2 + n^2} \tag{4.67}$$

Eine Transformation vom lokalen in das globale Koordinatensystem mit anschließender Überlagerung der Magnetfeldanteile aller Teilelemente ergibt das resultierende Magnetfeld an der Position ***r***. Um die parallel oder senkrecht zum Band stehenden Magnetfeldanteile des Punktes ***r*** zu bekommen, ist eine abschließende Transformation in das lokale Koordinatensystem erforderlich

$$\begin{pmatrix} B_{k_{\mathrm{e}},\mathrm{x}} \\ B_{k_{\mathrm{e}},\mathrm{y}} \\ B_{k_{\mathrm{e}},\mathrm{z}} \end{pmatrix} = R_{\mathrm{L}\to\mathrm{G}}^{-1} \begin{pmatrix} 0 \\ B_{k_{\mathrm{e}},\mathrm{n}} \\ B_{k_{\mathrm{e}},\mathrm{v}} \end{pmatrix} \tag{4.68}$$

$$\rightarrow \qquad \begin{pmatrix} B_{\mathrm{x}} \\ B_{\mathrm{y}} \\ B_{\mathrm{z}} \end{pmatrix} = \sum_{e} \begin{pmatrix} B_{k_{\mathrm{e}},\mathrm{x}} \\ B_{k_{\mathrm{e}},\mathrm{y}} \\ B_{k_{\mathrm{e}},\mathrm{z}} \end{pmatrix} \tag{4.69}$$

$$\rightarrow \qquad \begin{pmatrix} B_{\mathrm{u}} \\ B_{\mathrm{n}} \\ B_{\mathrm{v}} \end{pmatrix} = R_{\mathrm{L}\to\mathrm{G}} \begin{pmatrix} B_{\mathrm{x}} \\ B_{\mathrm{y}} \\ B_{\mathrm{z}} \end{pmatrix} \tag{4.70}$$

4.2.3 Verlustleistung einer CorC Anordnung

Ist die Stromdichte $\boldsymbol{j}_{\mathrm{u}}$ mit Gleichung (4.64) und das elektrische Feld $\boldsymbol{E}_{\mathrm{u}}$ durch Gleichung (4.4) für jedes Filament bestimmt, kann die momentane Verlustleistung durch Addition der Verlustleistung aller Filamente berechnet werden mit

$$p(t) = \sum_{n=1}^{N} j_{\mathrm{u,n}} E_{\mathrm{u,n}} w_{\mathrm{n}} \tag{4.71}$$

Die Verlustenergie Q kann wieder durch Integration von p(t) über eine Periode ermittelt werden. Um transiente Effekte auszuschließen, sollte die erste Periode bei der Integration vermieden werden. Durch Multiplikation der Verlustenergie Q mit der Frequenz f erhält man die Verlustleistung P_{AC} der Anordnung mit der Einheit $\frac{W}{m}$. Dabei sollte berücksichtigt werden, dass die Verlustleistungen pro Meter des Bands und nicht pro Meter des Kabels angegeben sind. Durch eine Division mit $\cos(\alpha)$ wird die Verlustleistung auf die Kabellänge bezogen

$$P_{\mathrm{AC}} = \frac{1}{\cos(\alpha)} f Q = \frac{1}{\cos(\alpha)} f \int_{1/f}^{2/f} p(t) dt \tag{4.72}$$

Auf Grund des verwendeten Kupferformers in einer CorC-Anordnung müssen neben den HTS typischen Hystereseverlusten auch Wirbelstromverluste berücksichtigt werden. Dafür werden folgende Annahmen nach [ZHA-19] getroffen:

- Das Material ist homogen und besitzt eine konstante Permeabilität.
- Das äußere magnetische Feld H_z ist ein ideal sinusförmiges Wechselfeld in z-Richtung.
- Die induzierte magnetische Feldstärke im Inneren des Kupferformers hat nur eine Komponente in y-Richtung.

Bei langsamen Feldänderungen, bei deren der Skin Effekt keine Rolle spielt, können die Wirbelstromverluste analytisch mit der klassischen Formel für Wirbelstromverluste angenähert werden. Dabei entspricht σ der elektrischen Leitfähigkeit von Kupfer, r dem Radius des Formers und $\hat{B}_z$ der Amplitude des sinusförmigen magnetischen Felds.

$$P_{\mathrm{W}} = \frac{\pi^2 \sigma r^2}{6} (\hat{B}_z f)^2 \tag{4.73}$$

4.2.4 Überprüfung des mathematischen Modells

Um das mathematische Modell zu überprüfen, werden die Verluste einer beispielhaften CorC-Anordnung berechnet und mit Referenzwerte einer FEM aus [YAN-22] vergleichend dargestellt. Die simulierte CorC-Anordnung besteht aus zwei Wicklungslagen mit jeweils drei REBCO-Bändern. Der Wicklungswinkel der Bänder beträgt dabei 60°. Der Former besteht aus Kupfer mit einem Durchmesser von 4,92 mm. Die Magnetfeldabhängigkeit des kritischen Stroms wird mit dem Kim-Modell approximiert, während der nichtlineare Widerstand der supraleitenden Schicht mit dem *E-j*-Modell dargestellt ist. In Tabelle 4.3 sind die elektrischen und geometrischen Parameter der CorC-Anordnung aufgelistet.

Tabelle 4.3: Parameter CorC-Anordnung zur Überprüfung des mathematischen Modells. Daten entnommen aus [YAN-22].

	Symbol	Wert	Einheit
Durchmesser Former	D_F	4,92	mm
Spez. Widerstand Kupfer bei 77 K	ρ_{Cu}	$5 \cdot 10^{-9}$	Ωm
Bandbreite	b	4	mm
Anzahl Bänder	N_B	6	
Anzahl Wicklungslagen	N_L	2	
Kritischer Strom Band	$I_{c,Band}$	35	$^{A}/_{mm}$
Frequenz	f	36 /72 /144	Hz
n-Wert	n	31	
Parameter $J_c(B_{\parallel}, B_{\perp})$	J_{c0}	$3{,}5 \cdot 10^{10}$	$^{A}/_{m^2}$
	k	0,25	
	B_c	0,1	
	e	0,7	

Die AC-Verluste P_{AC} werden für einen sinusförmigen Strom $i(t) = \hat{i}\sin(2\pi ft)$ mit Amplituden zwischen 200-700 A sowie drei Frequenzen $f_1 = 36$ Hz, $f_2 = 72$ Hz und $f_3 = 144$ Hz bestimmt. Zusätzlich werden auch die Wirbelstromverluste P_W im Kupferformer ermittelt. Die Gesamtverluste P_V setzen sich aus diesen beiden Komponenten zusammen.

Die parallelen und senkrechten Magnetfeldanteile der zweilagigen CorC-Anordnung ergeben sich nach Abbildung 4.12. Ein abschirmender Effekt der oberen gegenüber der unteren Lage ist zu erkennen, genauso wie ein erhöhter senkrechter Magnetfeldanteil an den Bandrändern sowie an den Überlappungskanten der zwei Wicklungslagen. Der Hauptanteil des Magnetfelds verläuft parallel zu den REBCO-Bändern.

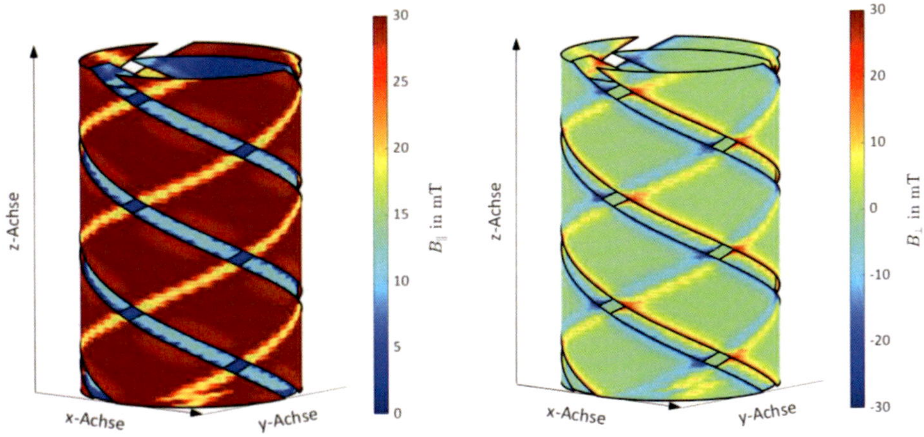

(a) Paralleler Magnetfeldanteil (b) Senkrechter Magnetfeldanteil

Abbildung 4.12: Parallele und senkrechte Magnetfeldanteile einer zweilagigen CorC-Anordnung mit jeweils drei Bändern pro Lage.

In Abbildung 4.13 sind die Gesamtverluste des mathematischen Simulationsmodells und die Referenzwerte aus [YAN-22] bei einer Variation der Amplitude für drei Frequenzen dargestellt.

Die Abweichung der simulierten Werte zu den Referenzwerten beträgt maximal 35 % und nimmt für hohe Transportströme bis auf 12 % ab. Die Gesamtverluste zeigen eine minimale Abhängigkeit von der Frequenz auf. Das lässt darauf schließen, dass die frequenzabhängigen Wirbelstromverluste im Kupferformer eine untergeordnete Rolle bei den Gesamtverlusten spielen.

In Abbildung 4.14 sind die frequenzabhängigen Wirbelstromverluste dargestellt. Diese sind zwischen zwei bis drei Zehnerpotenzen geringer als die AC-Verluste und somit vernachlässigbar klein.

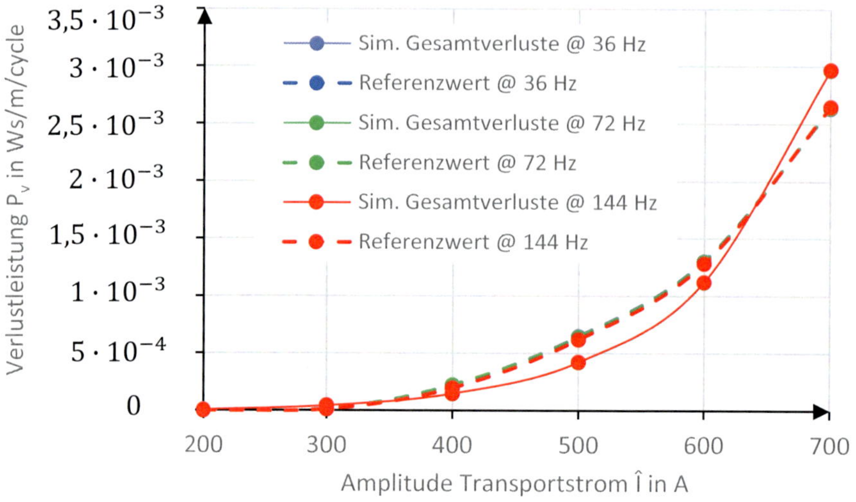

Abbildung 4.13: Verlustleistung einer zweilagigen CorC-Anordnung mit den Daten aus Tabelle 4.3, bei Variation der Amplitude des Transportstroms.

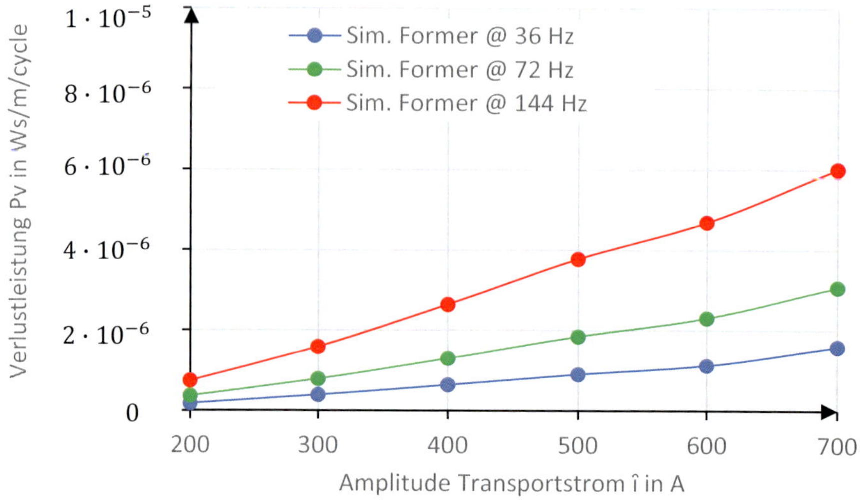

Abbildung 4.14: Frequenzabhängige Wirbelstromverluste in dem Kupferformer der zweilagigen CorC-Anordnung, mit den Daten aus Tabelle 4.3.

Um ein differenzierteres Bild der Verlustaufteilung zu erhalten, werden die Verlustanteile der inneren und äußeren Wicklungslage für die Frequenz f_1 = 36 Hz dargestellt (siehe Abbildung 4.15). Dabei entstehen auf der äußeren Wicklungslage ca. 70 % der AC-

Verluste, während die restlichen 30 % auf der inneren Lage anfallen. Dieser Effekt kann auf die magnetische Abschirmung durch die äußere Schicht zurückgeführt werden.

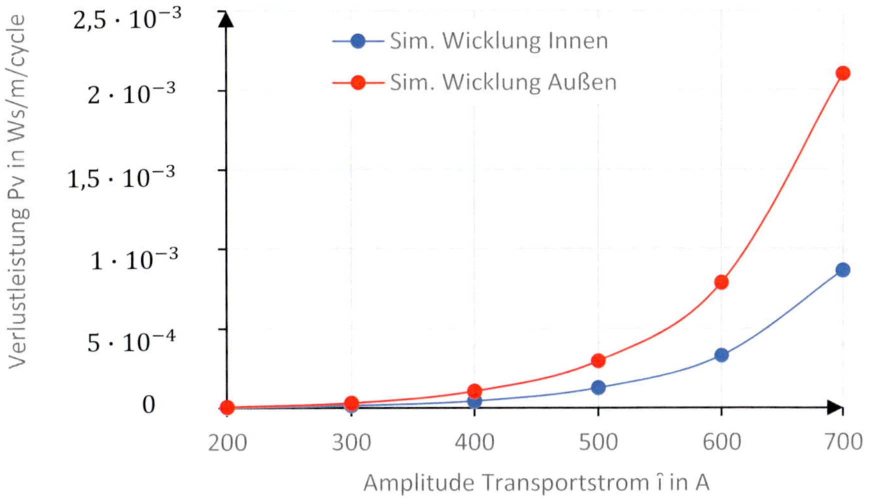

Abbildung 4.15: Verlustanteile der inneren und äußeren Wicklungsschicht einer zweilagigen CorC-Anordnung.

5 Auslegung eines dreiphasigen supraleitenden Kabels

Für die Auslegung eines dreiphasigen Mittelspannungskabels wird ein iteratives Konzept entwickelt, um die notwendige Anzahl der supraleitenden Bänder sowie geeignete geometrische Abstände zu finden. Als Kühlmedium wird flüssiger Stickstoff (LN_2) verwendet, der ebenfalls als elektrische Isolation zwischen den Phasen dient. Die Temperatur T_k von LN_2 beträgt 77 K bei Atmosphärendruck. Ebenfalls möglich ist der Betrieb des Kabels mit unterkühltem Stickstoff bei einer Temperatur T_k von 72 K. Als Vergleichswert wird in der Simulation zudem eine Kühlung durch flüssigen Wasserstoff bei $T_k = 25$ K betrachtet. Die Durchschlagspannung von LN_2 ist vergleichbar mit der Durchschlagspannung von Transformatoröl und kann bei einem homogenen Feldverlauf mit $E_d \geq 20\ {}^{kV}/_{mm}$ angenommen werden [GER-02]. Die elektrischen Auslegungsparameter des supraleitenden Kabels sind in Tabelle 5.1 aufgelistet.

Tabelle 5.1: Elektrische Auslegungsparameter des supraleitenden Kabels.

	Symbol	Wert	Einheit
Leistung	S	173	MVA
Spannung	U_r	20	kV
Strom	I_r	5	kA
Phasen		3	
Frequenz	f	50	Hz
Betriebstemperatur	T_k	25 / 72 / 77	K
Verlustleistung pro Phase	$P_{v,ph}$	≤1	${}^{W}/_{m}$

Für das Mittelspannungskabel werden zwei Auslegungskriterien definiert. Zum einen ist ein möglichst kleiner Querschnitt des Kabels anzustreben. Dadurch lassen sich Kosten für den notwendigen Kryostaten minimieren. Zudem bedeutet eine kleinere Kryostatoberfläche auch einen geringeren Wärmeeintrag *„von außen"* in das kalte System. Zum anderen wird eine Verlustleistung pro Phase $P_{v,ph} \leq 1\ {}^{W}/_{m}$ angestrebt, um den Wärmeeintrag *„von innen"* ebenfalls minimal zu halten.

Die in Abbildung 3.1b vorgestellte 1-Leiter Konfiguration hat den Vorteil einer hohen Spannungsfestigkeit und wird daher bevorzugt bei Hoch- oder Höchstspannungsnetzen eingesetzt. Der Einsatz eines Kryostaten pro Phase bedeutet gegenüber der konzentrischen Konfiguration oder der 3-Leiter Konfiguration allerdings einen erhöhten Platzbedarf und einen erhöhten Wärmeeintrag. Im Gegensatz dazu benötigt die konzentrische Konfiguration nur einen Kryostaten. Durch den notwendigen Einsatz eines festen Isolationsmediums zwischen den Phasen, zum Beispiel Polypropylen laminiertes Papier oder hochverdichteter Polyethylen, kann allerdings bauartbedingt kein flüssiger Stickstoff als Isolationsmedium genutzt werden.

Für ein Kabel der Mittelspannungsebene wird daher das Konzept der 3-Leiter Konfiguration gewählt. Der Einsatz eines Kryostaten für die drei Phasen führt zu einer Reduktion des Kabelquerschnitts und des äußeren Wärmeeintrags gegenüber der 1-Leiter Konfiguration. Zudem kann flüssiger Stickstoff als Isolationsmedium genutzt werden. Mit einem geeigneten Abstandshalter zwischen den Phasen wird kein festes Isolationsmedium wie bei der konzentrischen Anordnung benötigt (Abbildung 5.1a).

Um einen Betriebsstrom I_r = 5 kA bei den angestrebten Verlusten zu ermöglichen, werden n Leiter zu einem kreisförmigen Leiterbündel angeordnet und axial verdreht (Abbildung 5.1b). Somit wird eine gleichmäßige Belastung und Stromaufteilung auf die parallelen Leiter im dreiphasigen Betrieb gewährleistet.

Als Leiter werden die in Kapitel 3.4, 3.5 und 3.6 beschriebenen Stack-, CroCo- und CorC-Anordnungen eingesetzt und die Ergebnisse zueinander in Relation gebracht. Die Berechnung der Anzahl n an parallelen Leitern mit den geometrischen Parametern r_1, r_2 und r_3 erfolgt nach dem Ablaufdiagramm in Abbildung 5.2.

Im ersten Schritt wird für den einzelnen Leiter der kritische Strom $I_{c,\mathrm{Leiter}}$ sowie die Verlustleistung $P_{v,\mathrm{Leiter}}$ berechnet. Unter der Voraussetzung, dass keine gegenseitige magnetische Beeinflussung der Leiter im Leiterbündel stattfindet, kann die minimale Anzahl $n_{\min}$ an benötigten parallelen Leitern mit folgender Gleichung ermittelt werden

$$n_{\min} \, P_{\mathrm{v.Leiter}} \frac{I_{\mathrm{rms,Leiter}}}{I_{\mathrm{r}}} \leq 1 \, \mathrm{W}/\mathrm{m} \qquad \textbf{(5.1)}$$

wobei $I_{\mathrm{rms,Leiter}}$ dem Effektivwert des Leiterstroms entspricht, bei dem die Verlustleistung $P_{\mathrm{v.Leiter}}$ entsteht.

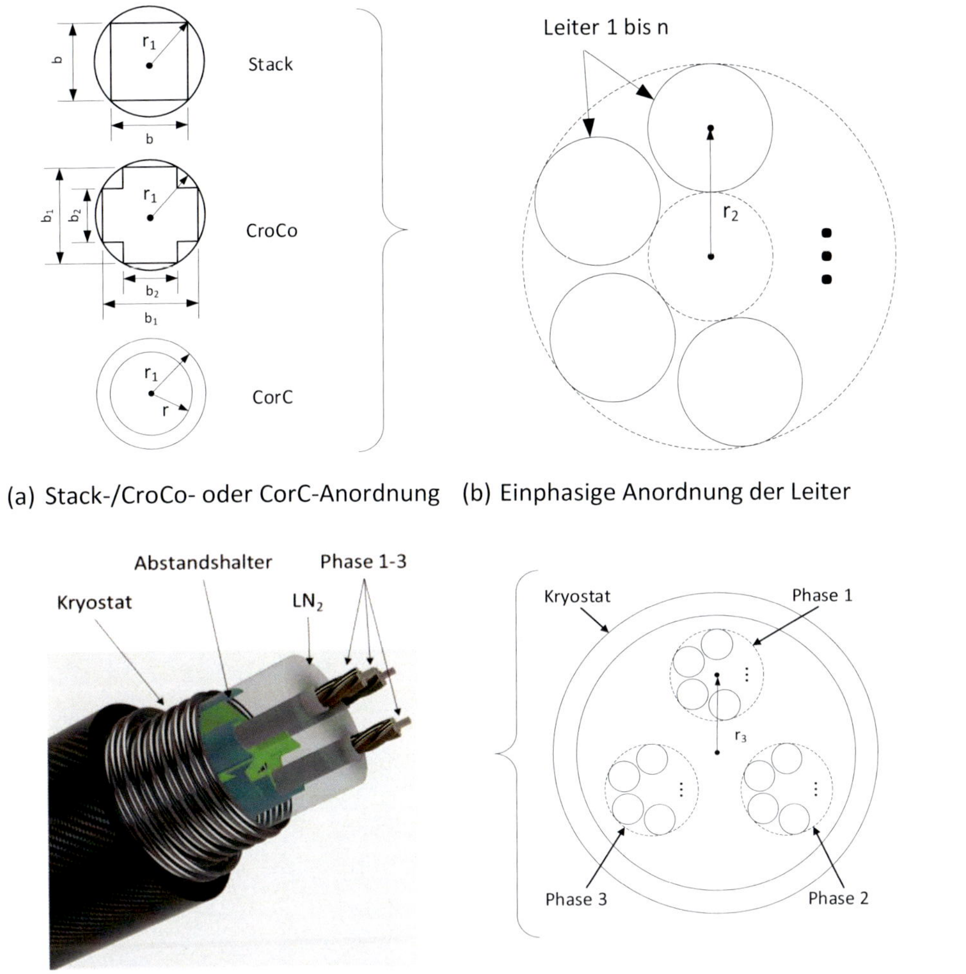

(a) Stack-/CroCo- oder CorC-Anordnung (b) Einphasige Anordnung der Leiter

(c) Schematische 3D Darstellung der dreiphasigen Anordnung des Kabels (d) Querschnitt der dreiphasigen Anordnung des Kabels

Abbildung 5.1: Geometrische Darstellung der einzelnen Leiter (a), der einphasigen Anordnung (b) und der dreiphasigen Anordnung (c und d).

Im zweiten Schritt werden $n = n_{\text{min}}$ Leiter im Radius r_2 angeordnet und die Verlustleistung $P_{\text{v,ph}}$ berechnet (Abbildung 5.1b). Hierbei wird die Beeinflussung durch die Magnetfelder der benachbarten Leiter berücksichtigt. Ist das Kriterium $P_{\text{v,ph}} \leq 1\ ^{\text{W}}/_{\text{m}}$ nicht erfüllt, wird

n erhöht und falls notwendig, ebenfalls der Radius r_2. Iterativ wird die Anzahl an Leitern und der Radius angepasst, bis das Kriterium erfüllt ist.

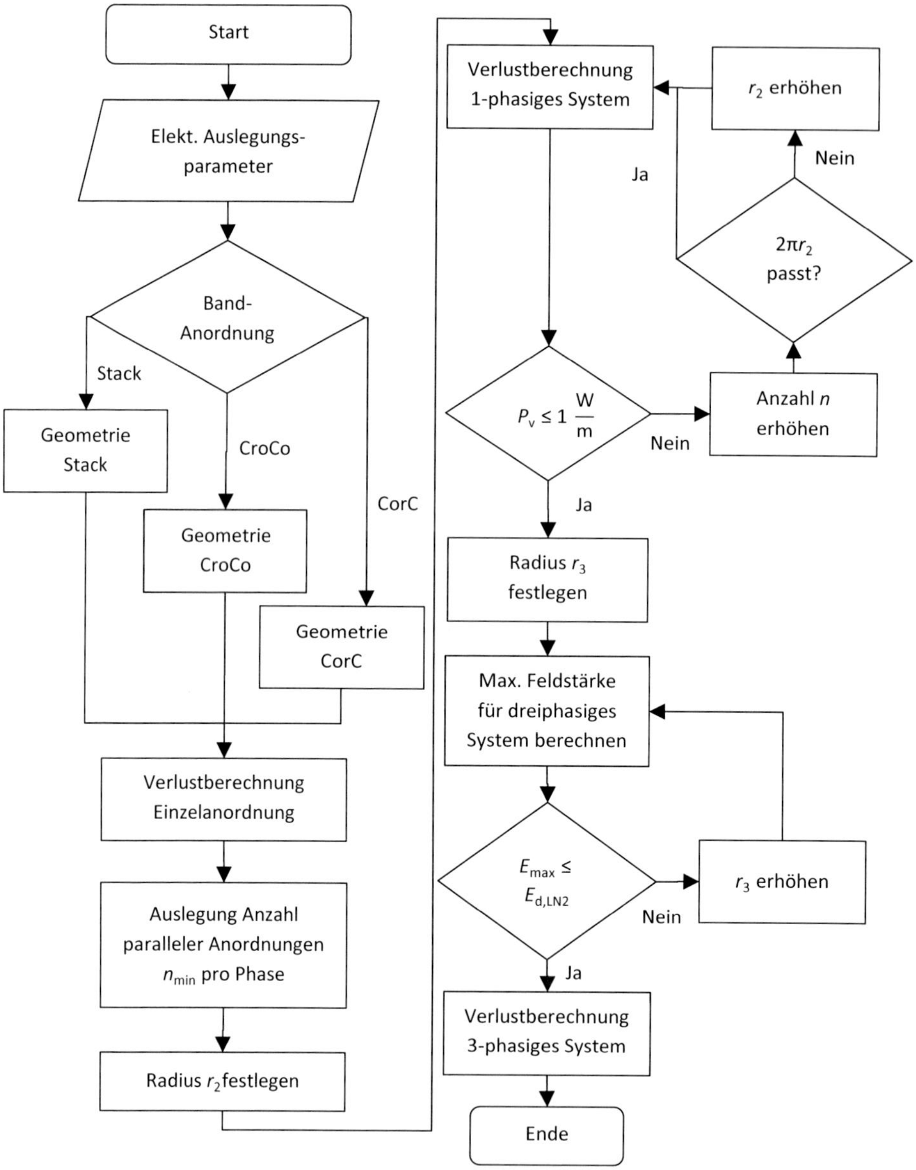

Abbildung 5.2: Ablaufdiagramm für die Konzeptionierung eines dreiphasigen supraleitenden Kabels auf Mittelspannungsniveau.

Ist die benötigte Anzahl an parallelen Leitern und der daraus resultierende Radius ermittelt, folgt im dritten Schritt die Berechnung des elektrischen Felds einer dreiphasigen Anordnung und LN_2 als Isoliermedium. Hierbei wird wieder mit einem iterativen Verfahren der Abstand r_3 zwischen den Phasen erhöht, bis die maximale elektrische Feldstärke E_{max} kleiner der Durchschlagsfeldstärke $E_{\mathrm{d,LN2}}$ von flüssigem Stickstoff ist.

Im vierten Schritt wird die Verlustleistung P_{v} des gesamten dreiphasigen Systems berechnet.

5.1 Verlustberechnung eines Leiters

In dem folgenden Kapitel wird jeweils ein Leiter, bestehend aus einer Stack-, CroCo- und CorC-Anordnung, ausgelegt. In allen Fällen werden die gleichen Bandleiter für die Simulationen verwendet. Die Parameter des Bandleiters sind in Tabelle 5.2 aufgelistet.

Tabelle 5.2: Beispielhafte Parameter eines Bandleiters.

	Symbol	Wert	Einheit
Bandbreite	b	4 / 6 / 12	mm
Banddicke	d	0,15	mm
Dicke Hastelloy	d_{h}	0,03	mm
Dicke Kupfer	d_{k}	0,1	mm
Dicke REBCO-Schicht	d_{REBCO}	1	µm
Kritischer Strom	$I_{\mathrm{c,Band}}$(s.f., 77 K)	39,55	$^{\mathrm{A}}/_{\mathrm{mm}}$
	$I_{\mathrm{c,Band}}$(s.f., 72 K)	58,1	$^{\mathrm{A}}/_{\mathrm{mm}}$
	$I_{\mathrm{c,Band}}$(s.f., 25 K)	223,7	$^{\mathrm{A}}/_{\mathrm{mm}}$
n-Wert	n	30	
Parameter $J_c(B_{\parallel},B_{\perp})$	J_{c0}	$\frac{I_{\mathrm{c,Band}}}{d_{\mathrm{REBCO}}}$	$^{\mathrm{A}}/_{\mathrm{m}^2}$
	k	0,25	
	B_{c}	0,035	
	e	0,6	

Die Verluste einer supraleitenden Anordnung sind vom kritischen Strom dieser Anordnung abhängig. Daher wird im ersten Schritt der kritische Strom eines einzelnen Leiters untersucht, bevor im zweiten Schritt darauf basierend die Verluste berechnet werden.

Die Anzahl an Bandleitern, sowie deren geometrischer Abstand zueinander, haben dabei Einfluss auf den kritischen Strom der Anordnung. Dieser kann über den Durchflutungssatz berechnet werden

$$-\mathrm{div}\left(\frac{1}{\mu}\mathrm{grad}(\boldsymbol{A})\right) = \boldsymbol{J}_{\mathrm{c}}(B_{\parallel}, B_{\perp}, \mathrm{T}) \tag{5.2}$$

wobei die magnetische Flussdichte B über die Rotation des magnetischen Vektorpotentials $\boldsymbol{A}$ ausgedrückt wird

$$\boldsymbol{B} = \mathrm{rot}(\boldsymbol{A}) \tag{5.3}$$

Die Bestimmung des kritischen Stroms erfolgt mit den Magnetfeldkomponenten $B_{\parallel}$ und $B_{\perp}$ über die Gleichung (2.12).

In Abbildung 5.3 ist das Ablaufdiagramm für die Berechnung des kritischen Stroms dargestellt.

Die partielle Differentialgleichung (5.2) kann iterativ mit Hilfe einer FEM für beliebige zweidimensionale Geometrien gelöst werden. In dieser Arbeit wurde hierfür die PDE-Toolbox der Berechnungssoftware Matlab [MAT-19b] verwendet.

Für die Verlustberechnung wird der Nennstrom für die Anordnung vorgegeben. Die Aufteilung des Stroms auf die einzelnen Bandleiter erfolgt abhängig vom jeweiligen kritischen Strom sowie dem magnetischen Vektorpotential $\boldsymbol{A}$. Eine Beeinflussung der Stromaufteilung durch Vorwiderstände, z. Bsp. auf Grund der Stromeinkopplung durch Kupferterminals, wird hierbei vernachlässigt. Daher wird im Folgenden von einer freien Stromaufteilung auf die Bandleiter gesprochen.

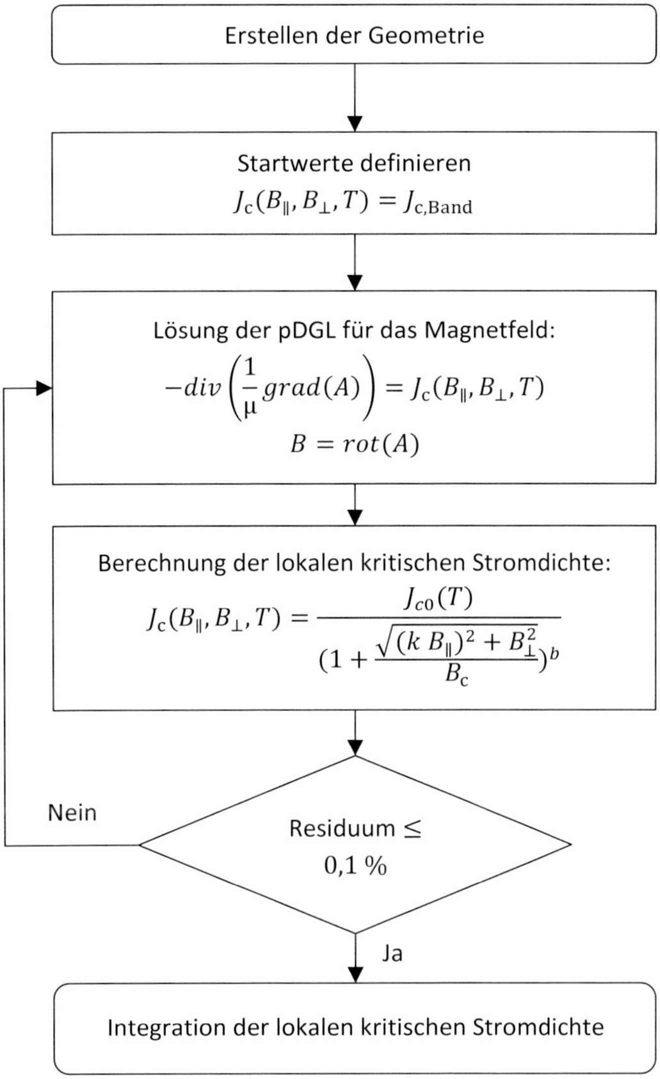

Abbildung 5.3: Ablaufdiagramm der Berechnung des kritischen Stroms.

5.1.1 Verlustberechnung einer Stack-Anordnung

Um eine effiziente Ausnutzung des verfügbaren Platzes zu erreichen, entspricht die Höhe der Stack-Anordnung auch der Breite *b* der verwendeten Bänder. Die *N* Bandleiter mit der Dicke *d* werden innerhalb dieses quadratischen Designs symmetrisch verteilt angeordnet.

In Abbildung 5.4 ist eine Stack-Anordnung mit 7 Bandleitern (a) und 14 Bandleitern (b) mit der identischen Querschnittsfläche dargestellt. Die Anordnung ist in beiden Fällen so gewählt, dass die optimale Flächenausnutzung durch ein quadratisches Stack entsteht. Daraus resultierende Abstände zwischen den Bandleitern werden mit weiteren Kupferbändern oder anderen Abstandshaltern gefüllt. Der Abstand zwischen den Bandleitern kann ermittelt werden mit

$$h_{\mathrm{a}} = \frac{b - Nd}{N - 1} \quad \textbf{(5.4)}$$

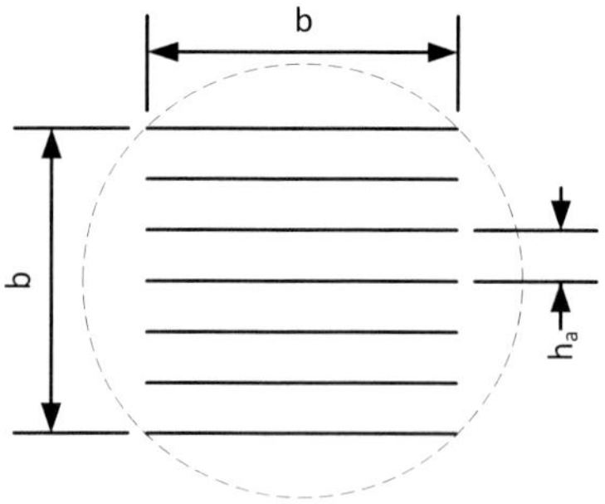

(a) Stack-Anordnung aus 7 Bandleitern

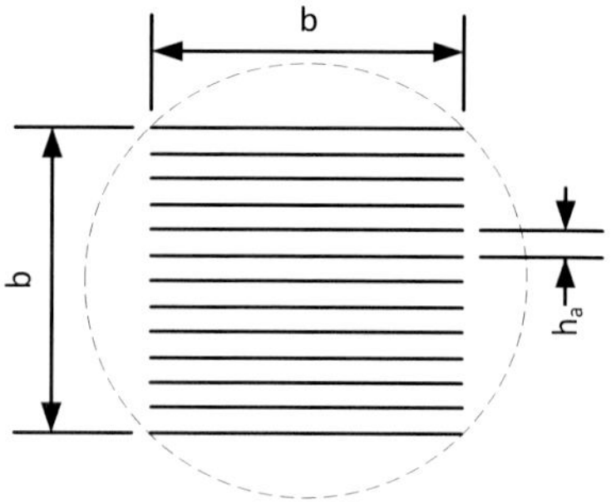

(b) Stack-Anordnung aus 14 Bandleitern

Abbildung 5.4: Zwei Stack-Anordnungen mit unterschiedlicher Bandanzahl auf gleicher Querschnittsfläche.

Üblicherweise beträgt die Breite der verwendeten Bandleiter zwischen 4 mm bis 12 mm. Daher werden in der folgenden Betrachtung Stack-Anordnungen mit einer Breite von 4 mm, 6 mm und 12 mm miteinander verglichen. Wie bereits erwähnt, hat die Anzahl N der Bandleiter sowie der Abstand zwischen den Leitern einen Einfluss auf den kritischen Strom sowie auf die Verlustleistung. Um diesen Umstand zu berücksichtigen, wird die Anzahl N von 5 bis 30 Bändern variiert.

In Tabelle 5.3 sind die kritischen Stromwerte für die möglichen Stack-Varianten aufgelistet. Bei 4 mm breiten Bändern können maximal 26 parallele Bänder gestapelt werden.

Es ist eine Erhöhung des I_c zu erkennen, sobald die Anzahl der Bandleiter steigt. Der Anstieg des kritischen Stroms flacht bei einer zunehmenden Anzahl an Bandleitern allerdings ab. Dieser Effekt ist auf die Beeinflussung durch das Magnetfeld der benachbarten Leiter zurückzuführen. Eine größere Anzahl an Bandleiter bei gleichbleibender Querschnittsfläche erhöht ebenfalls das magnetische Feld und reduziert den kritischen Strom der Einzelbänder. Das Eigenfeld der Anordnung bestimmt dementsprechend maßgeblich das I_c der Anordnung.

Tabelle 5.3: Kritischer Strom I_c in kA einer einzelnen Stack-Anordnung abhängig von Temperatur, Bandbreite und Anzahl der Bandleiter.

Temp. in K		77			72			25		
Bandbreite in mm		4	6	4	6	12	12	4	6	12
Bandanzahl	5	0,56	0,83	1,65	0,75	1,11	2,22	1,98	2,92	5,84
	10	0,94	1,39	2,79	1,24	1,84	3,69	3,15	4,66	9,35
	15	1,26	1,87	3,75	1,65	2,44	4,91	4,11	6,07	12,20
	20	1,54	2,28	4,58	2,01	2,97	5,98	4,95	7,32	14,70
	25	1,79	2,66	5,35	2,34	3,46	6,95	5,73	8,45	16,99
	30		3,01	6,05		3,91	7,86		9,51	19,10

Der Einsatz breiter Bandleiter erhöht auch den kritischen Strom der Anordnung. Zum einen steht weiteres supraleitendes Material für die Stromübertragung zur Verfügung, zum anderen lassen sich die Bandleiter auf einer größeren Querschnittsfläche verteilen und die Magnetfeldbelastung der Einzelbänder reduziert sich. Der Anstieg des kritischen Stroms erfolgt weitestgehend linear.

Einen großen Einfluss auf die Höhe des kritischen Stroms hat ebenfalls die Betriebstemperatur T_k. Verringert sich diese, erhöht sich der temperaturabhängige kritische Strom $I_c(T_k,\text{s.f.})$ der Bandleiter und damit auch der kritische Strom I_c der Gesamtanordnung.

Der kritische Strom einer Stack-Anordnung ist somit von der Anzahl der Bandleiter, deren Abstand zueinander, der Bandleiterbreite sowie der Betriebstemperatur abhängig. In Abbildung 5.5 sind die I_c-Werte der 4 mm, 6 mm und 12 mm Stack-Anordnungen dargestellt. Für einen besseren Vergleich zwischen den unterschiedlichen Bandbreiten wird der kritische Strom über der Menge an eingesetztem Material aufgetragen. Da die Höhe der Bänder in allen Simulationsfällen identisch bleibt, ist nur die Anzahl an Leitern multipliziert mit der jeweiligen Bandbreite von Bedeutung, im weiteren Verlauf die äquivalente Bandbreite genannt.

Die 12 mm-Anordnung hat gegenüber den anderen beiden Stack-Varianten, bei gleichem Materialeinsatz, den höchsten kritischen Strom. Ausschlaggebend ist hierbei die größere Querschnittsfläche, auf der die Bandleiter verteilt liegen. Die Beeinflussung durch benachbarte Bandleiter ist dadurch reduziert. Zwischen der 6 mm- und 4 mm-Variante ist derselbe Effekt, allerdings in geringerem Ausmaß, zu beobachten.

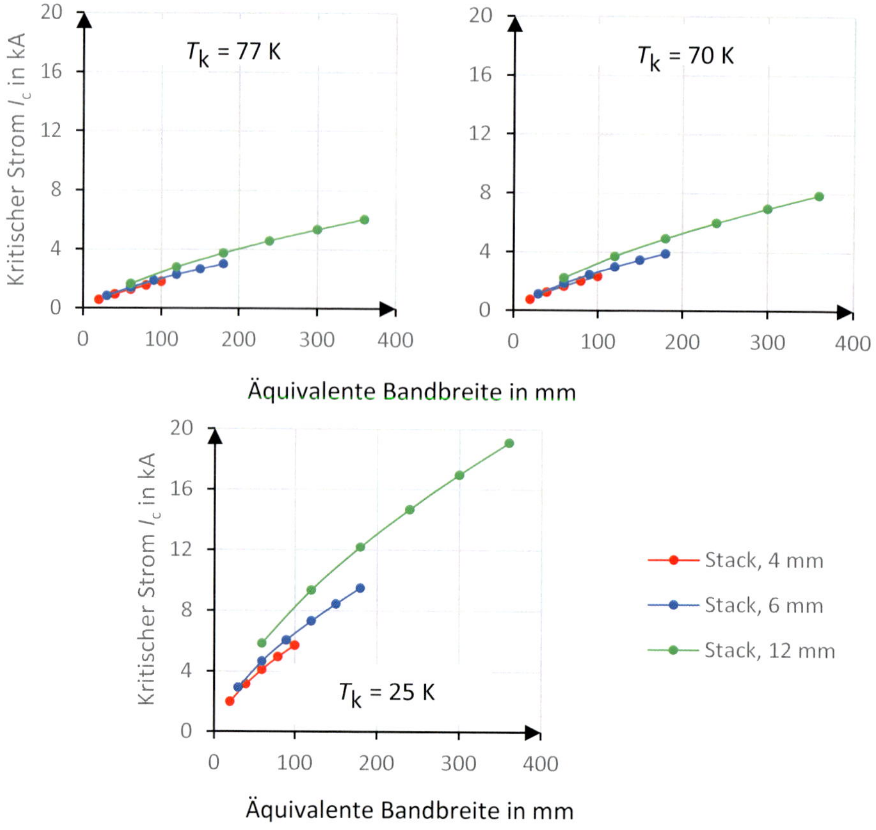

Abbildung 5.5: Kritischer Strom I_c einer einzelnen Stack-Anordnung abhängig von Temperatur, Bandbreite und Anzahl der Bandleiter.

Setzt man den kritischen Strom I_c der Anordnung ins Verhältnis zum aufsummierten kritischen Strom $I_{c,Band}$ der einzelnen Bandleiter ergibt sich daraus eine Reduktion des kritischen Stroms der Gesamtanordnung gegenüber der Einzelbänder

$$R = \frac{I_c}{\sum_N I_{c,Band}(T_{k,} s. f.)} \tag{5.5}$$

In Abbildung 5.6 ist die Reduktion der Stack-Anordnung abhängig von der Temperatur, der Bandbreite sowie der Anzahl der Bandleiter aufgetragen.

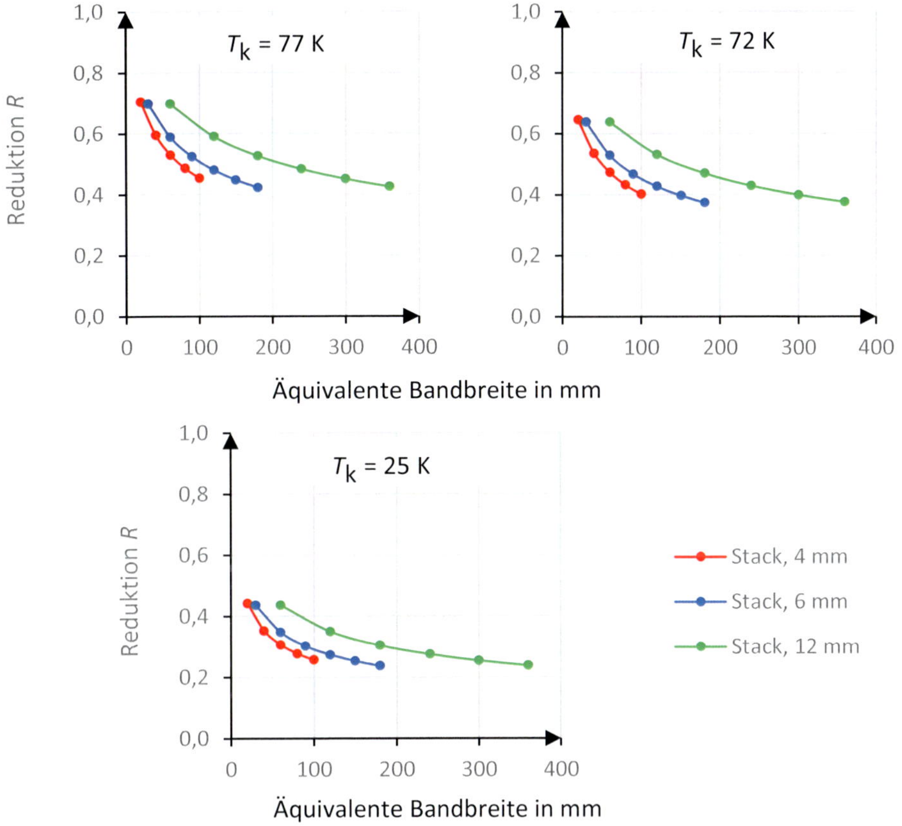

Abbildung 5.6: Reduktion des kritischen Stroms I_c einer Stack-Anordnung abhängig von Temperatur, Bandbreite und Anzahl der Bandleiter.

Die geringste Reduktion des kritischen Stroms einer Stack-Anordnung wird bei einer kleinen Anzahl an Bandleitern und einem großen Abstand zwischen den Bändern erreicht. Erhöht sich die Anzahl N beziehungsweise verringert sich der Abstand zwischen den Bändern, steigt auch die Reduktion des I_c der Anordnung auf Grund einer höheren Magnetfeldbeeinflussung durch benachbarte Bänder. Ebenfalls ein wichtiger Einflussfaktor ist die Betriebstemperatur. Bei einem kleinen T_k können größere Ströme übertragen werden, das dadurch entstehende höhere Magnetfeld reduziert wiederum den I_c.

Die Reduktion des kritischen Stroms der Gesamtanordnung beträgt somit zwischen 30 % und 75 % gegenüber den aufsummierten kritischen Strömen der einzelnen Bandleiter, abhängig von Betriebstemperatur T_k, Anzahl der Bänder N und dem Abstand zwischen den Bändern.

Zusammenfassend lässt sich folgern, dass bei einer Stack-Anordnung mit kleiner Querschnittsfläche mehr Bandleitermaterial benötigt wird, um einen vergleichbaren kritischen Strom zu erreichen (Abbildung 5.5). Entsprechend höher ist die Reduktion des kritischen Stroms der Gesamtanordnung gegenüber den Einzelbändern (Abbildung 5.6). Wird die Stack-Anordnung bei voller Belastung $\hat{i} = I_c$ betrieben, ergeben sich jedoch hohe AC-Verluste. Zudem entwickeln Anordnungen mit einem höheren kritischen Strom auch höhere AC-Verluste als Anordnungen mit kleinerem I_c bei gleicher prozentualer Auslastung $\hat{i}/I_c$.

Beispielhaft ist in Abbildung 5.7 die Verlustleistung P_v für das normierte Stromverhältnis $\hat{i}/I_c$ einer 6 mm Stack-Anordnung mit 5, 15 und 30 Bandleitern dargestellt. Die Verluste sind bezogen auf 1 m Kabellänge und einer Frequenz von $f = 50$ Hz. Die AC-Verluste werden primär durch das Verhältnis $\hat{i}/I_c$ bestimmt, welches auch in der Norris-Gleichung (4.34) und (4.35) berücksichtigt ist. Um ein niedriges Verlustniveau zu erreichen, wird die Stack-Anordnung daher in Teillast mit einem $\hat{i}/I_c < 1$ betrieben. Je höher dabei der kritische Strom ist, desto niedriger ist das Verhältnis anzusetzen, um ein geringes Verlustniveau zu erhalten.

Bei einer Betriebstemperatur T_k = 77 K darf die Stromamplitude $\hat{i}$ einer Stack-Anordnung mit 30 Bandleitern nur noch 35 % des kritischen Stroms I_c betragen, damit die Verluste kleiner 1 W/m ausfallen. Eine Verringerung der Temperatur auf T_k=25 K erhöht zwar den kritischen Strom der Anordnung signifikant, jedoch reduziert sich auch das Verhältnis $\hat{i}/I_c$ auf nur noch 22 %. Verringert man die Anzahl an Bandleitern, reduziert sich zwar der kritische Strom I_c, doch können dafür die Bandleiter mit einem $\hat{i}/I_c$-Verhältnis von bis zu 80 % bei T_k = 77 K und bis zu 46 % bei T_k = 25 K besser ausgelastet werden.

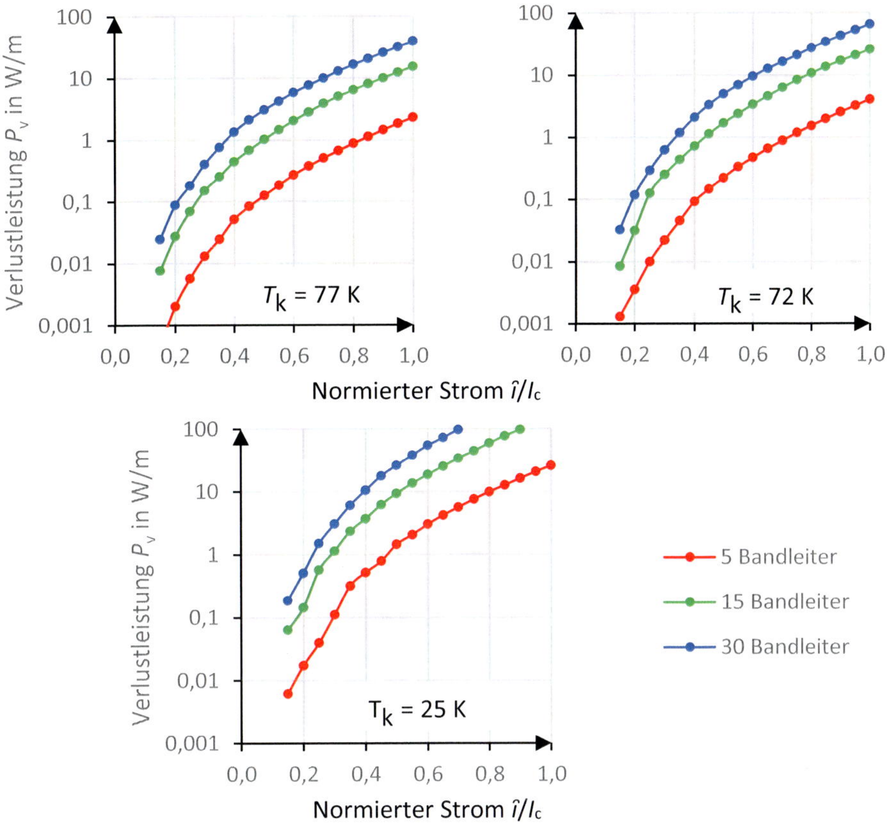

Abbildung 5.7: Verlustleistung P_v einer 6 mm Stack-Anordnung für das normierte Stromverhältnis $\hat{\imath}/I_c$, abhängig von Temperatur und Anzahl der Bandleiter.

In Abbildung 5.8 ist der effektive Transportstrom $I_{rms} = \hat{\imath}/\sqrt{2}$ dargestellt, den eine Stack-Anordnung bei AC-Verlusten kleiner 1 $^{W}/_{m}$ übertragen kann. Abhängig von der Temperatur T_k und der Anzahl an Bandleitern steigt auch der maximale Transportstrom. Allerdings erreichen Stack-Anordnungen mit einer hohen Anzahl an Bandleitern nur einen geringfügig höheren Transportstrom. Wird die Bandanzahl bei einer 4 mm Stack-Anordnungen und T_k = 77 K von 5 auf 25 Bandleitern erhöht, steigert sich der maximale Transportstrom um nur 55 % von 400 A auf 620 A. Bei größeren Stack-Anordnungen oder tieferen Temperaturen verringert sich diese Steigerung des maximalen Transportstroms noch weiter. Eine 12 mm Stack-Anordnungen erreicht bei einer Betriebstemperatur von T_k = 25 K und einer fünffachen Erhöhung der Bandleiteranzahl nur noch eine Steigerung des Transportstroms um 46 % von 1400 A auf 2040 A.

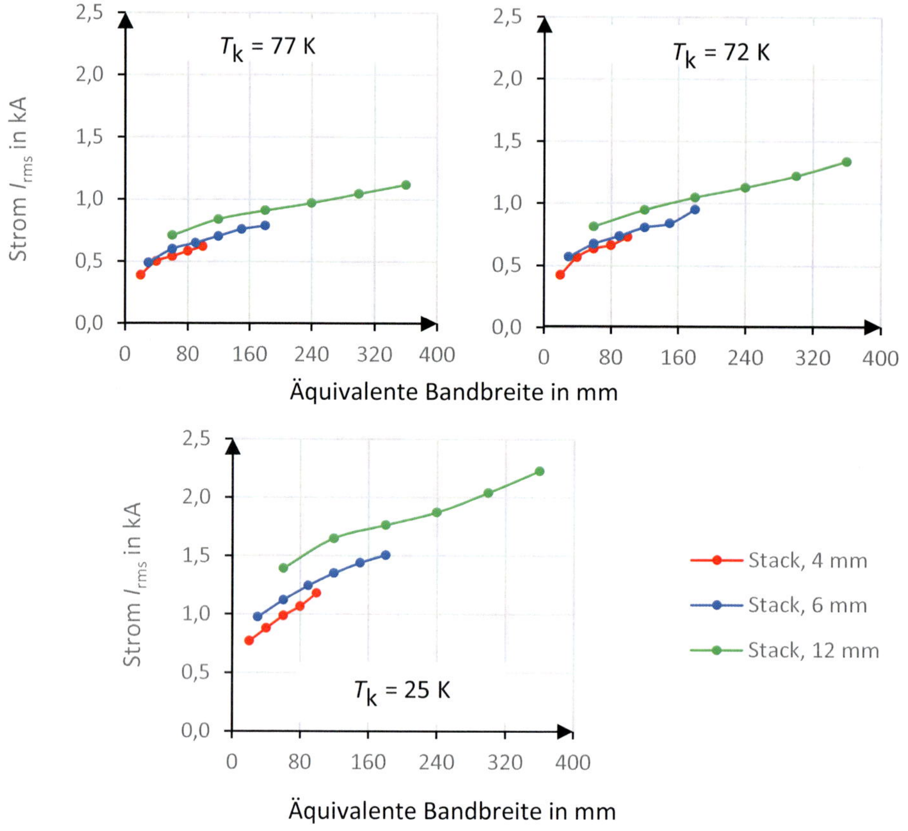

Abbildung 5.8: Maximaler Transportstrom I_{rms} der Stack-Anordnungen bei $P_v \leq 1$ W/m.

Die Übertragung des Bemessungsstroms I_r = 5 kA mit einer einzelnen Stack-Anordnung auf einem niedrigen Verlustniveau ist daher nicht möglich. Hierfür wird eine Mehrleiter-Anordnung benötigt.

5.1.2 Verlustberechnung einer CroCo-Anordnung

Die in Kapitel 3.5 beschriebene *"Conductor on round Core"*-Anordnung steigert die effektive Flächenausnutzung einer Kreisfläche gegenüber einer vergleichbaren Stack-Anordnung (siehe Abbildung 3.5). Für die kreuzförmige Querschnittsfläche der Anordnung werden Bandleiter mit zwei unterschiedlichen Breiten b_1 und b_2 sowie der Dicke d verwendet. Für die optimale Ausnutzung der Querschnittsfläche werden die Bandleiter symmetrisch angeordnet, um eine quadratische Form zu erhalten (siehe

Abbildung 5.9). Wird die Anzahl der Bandleiter erhöht, passt sich der Abstand zwischen den Bändern entsprechend an, damit die Querschnittsfläche beibehalten wird.

In der folgenden Betrachtung werden zwei CroCo-Anordnungen mit den Bandbreiten $b_1 = 6$ mm und $b_2 = 4$ mm sowie $b_1 = 4$ mm und $b_2 = 2$ mm eingesetzt, die im weiteren Verlauf mit 6/4 mm CroCo und 4/2 mm CroCo betitelt werden. Die Anzahl an Bandleitern N_1 und N_2 für die Breiten b_1 und b_2 variiert zwischen $N_1/N_2 = 6/4$, 14/6, 20/10 sowie 26/14 Bändern.

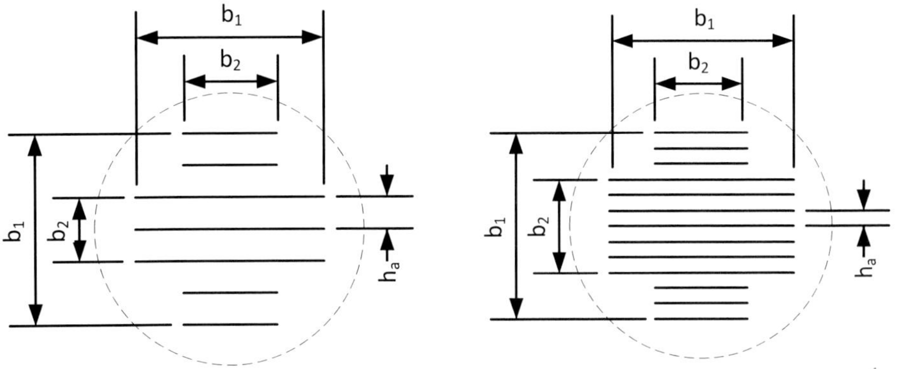

(a) CroCo-Anordnung aus 7 Bandleitern (b) CroCo-Anordnung aus 14 Bandleitern

Abbildung 5.9: Zwei CroCo-Anordnungen mit unterschiedlicher Bandanzahl auf gleicher Querschnittsfläche.

In Tabelle 5.4 sind die kritischen Stromwerte für die CroCo-Varianten aufgelistet. Mit den Bandbreiten $b_1 = 4$ mm und $b_2 = 2$ mm werden nur die Varianten $N_1/N_2 = 6/4$ und 14/6 berechnet.

Tabelle 5.4: Kritischer Strom I_c in kA einer einzelnen CroCo-Anordnung abhängig von Temperatur, Bandbreite und Anzahl der Bandleiter.

Temperatur in K		77		77		72	
Bandbreite in mm		4/2	4/2	6/4	4/2	6/4	4/2
Bandanzahl	6/4	0,78	1,26	1,04	1,68	2,66	4,28
	14/6	1,36	2,15	1,78	2,81	4,41	6,96
	20/10		2,82		3,67		8,96
	26/14		3,41		4,42		10,72

Vergleichbar mit den Ergebnissen bei einer Stack-Anordnung ist die Höhe des kritischen Stroms abhängig von der Anzahl an Bandleitern, deren Abstand zueinander, der Bandleiterbreite sowie der Betriebstemperatur. In Abbildung 5.10 sind die I_c-Werte der CroCo-Varianten dargestellt. Für einen besseren Vergleich zwischen den Varianten wird als Bezugsgröße die äquivalente Bandbreite der eingesetzten Bandleiter gewählt.

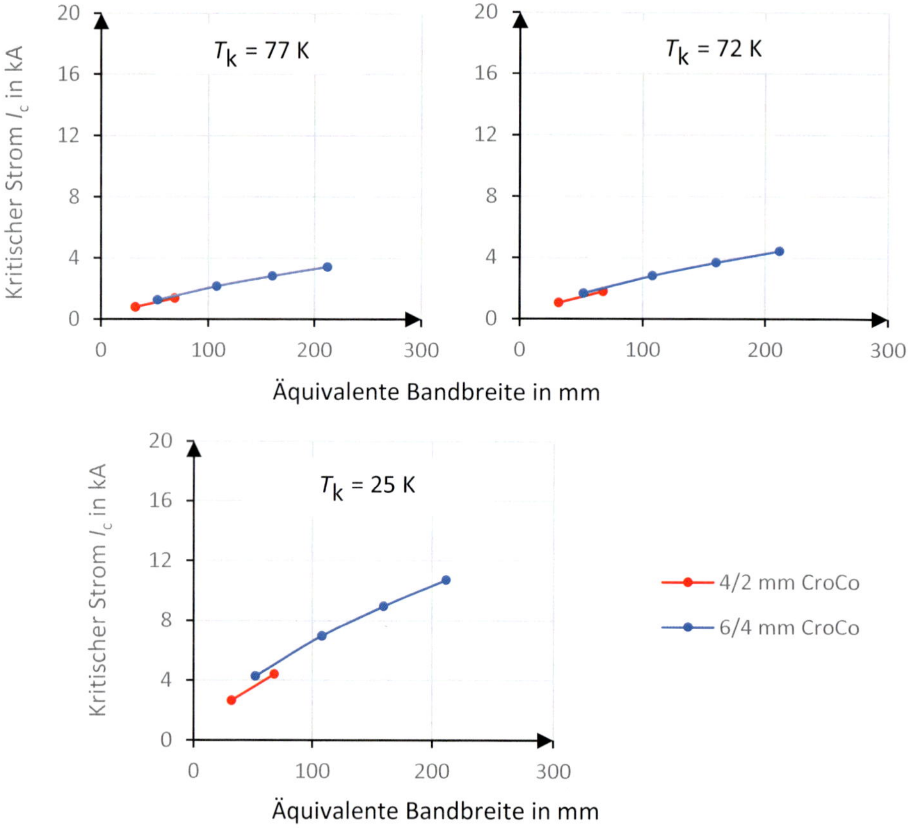

Abbildung 5.10: Kritischer Strom I_c einer einzelnen CroCo-Anordnung abhängig von Temperatur, Bandbreite und Anzahl der Bandleiter.

Erhöht sich die Anzahl an Bandleitern oder verringert sich die Betriebstemperatur T_k, vergrößert sich der kritische Strom der Anordnung. Im direkten Vergleich hat die 6/4 mm CroCo-Variante, bei gleichem Einsatz an supraleitendem Material, einen höheren kritischen Strom als die 4/2 mm Variante. Die Beeinflussung durch benachbarte

Bandleiter reduziert sich bei der 6/4 mm CroCo-Variante auf Grund der größeren Querschnittsfläche. Dieser Effekt wirkt sich positiv auf die Höhe des kritischen Stroms aus.

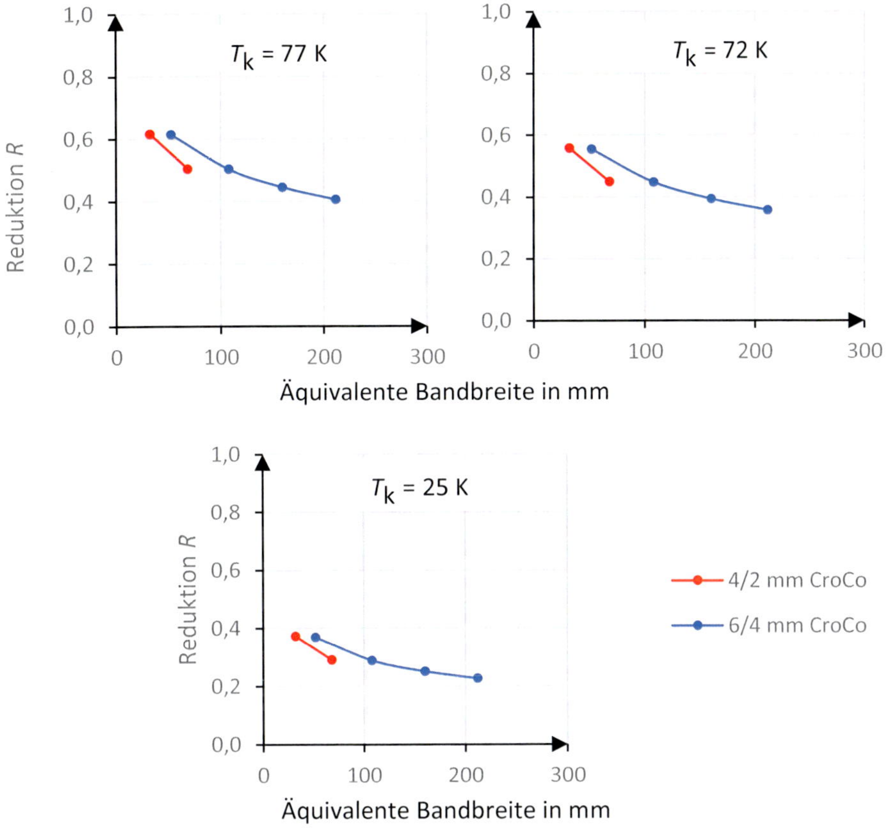

Abbildung 5.11: Reduktion des kritischen Stroms einer CroCo-Anordnung abhängig von Temperatur, Bandbreite und Anzahl der Bandleiter.

Die Reduktion des kritischen Stroms der CroCo-Anordnung gegenüber den aufsummierten I_c-Werten der Einzelbänder wird nach Gleichung (5.5) berechnet und in Abbildung 5.11 dargestellt. Bei zunehmender Anzahl an Bandleitern und damit einhergehend einem verringerten Abstand zwischen den Bändern sinkt auch die maximal mögliche Auslastung der CroCo-Anordnung. Die Reduktion des kritischen Stroms der Gesamtanordnung beträgt somit nur noch zwischen 62 % (bei einer Betriebstemperatur $T_k = 77$ K und einer geringen Anzahl an Bändern) sowie 22 % (bei einer Betriebstemperatur $T_k = 25$ K und einer großen Anzahl an Bändern) gegenüber dem aufsummierten kritischen Strom der Einzelbandleiter.

Zusammengefasst lässt sich folgern, dass bei der 4/2 mm CroCo-Variante gegenüber der 6/4 mm CroCo-Variante geringfügig mehr Bandleitermaterial benötigt wird, um den identischen kritischen Strom zu erhalten (siehe Abbildung 5.10). Die hohen Magnetfelder auf kleiner Querschnittsfläche reduzieren den kritischen Strom der CroCo-Anordnung allerdings um bis zu 78 % im Vergleich zum aufsummierten kritischen Strom der Einzelbänder (siehe Abbildung 5.11).

Bei maximaler Belastung $\hat{i} = I_c$ der CroCo-Anordnung ergeben sich jedoch auch hier hohe AC-Verluste. In Abbildung 5.12 ist die Verlustleistung P_v der 6/4 mm CroCo-Variante für das normierte Stromverhältnis $\hat{i}/I_c$ dargestellt, bezogen auf 1 m Kabellänge und der Frequenz $f = 50$ Hz. Die Bandleiteranzahl wird dabei variiert zwischen $N_1/N_2 = 6/4$, 14/6 sowie 26/14 Bändern.

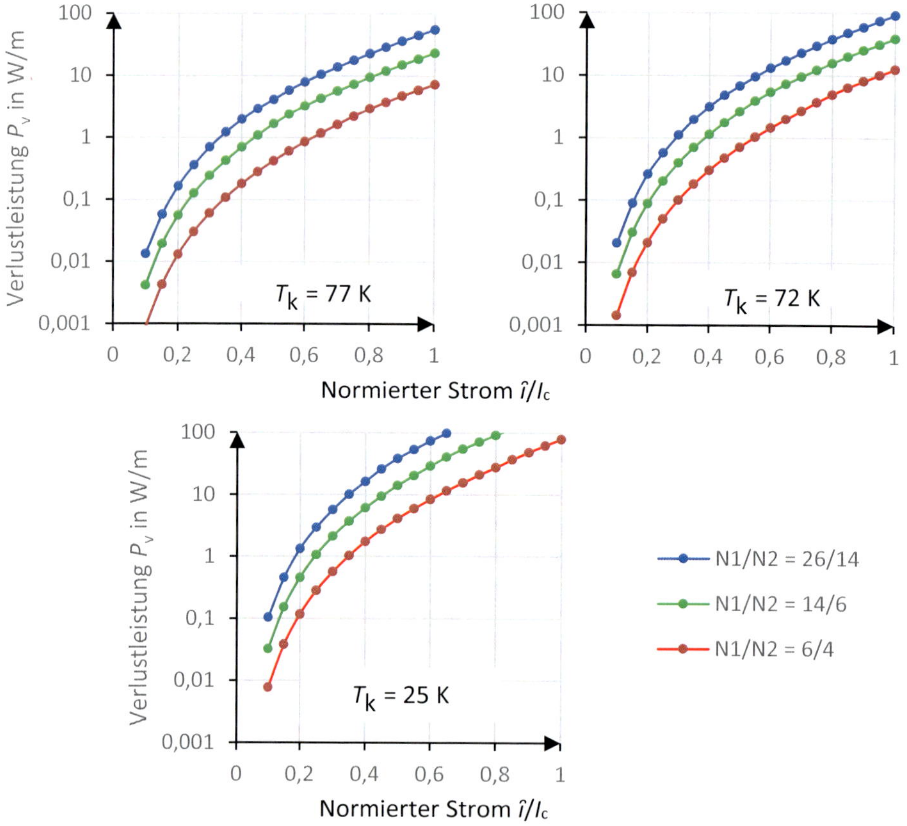

Abbildung 5.12: Verlustleistung P_v der 6/4 mm CroCo-Anordnungen für das Stromverhältnis $\hat{i}/I_c$ abhängig von Temperatur T_k und Anzahl der Bänder.

Um Verluste kleiner 1 $^{W}/_{m}$ zu erreichen, muss auch die CroCo-Anordnung im Teillastbereich $^{\hat{i}}/_{I_c} \leq 1$ betrieben werden. Bei einem hohen kritischen Strom, zum Beispiel durch den Einsatz weiterer Bandleiter oder einer reduzierten Betriebstemperatur, muss das Verhältnis $^{i}/_{I_c}$ stärker reduziert werden.

Der effektive Transportstrom $I_{rms} = \frac{\hat{i}}{\sqrt{2}}$, den eine CroCo-Anordnung bei AC-Verlusten kleiner 1 $^{W}/_{m}$ übertragen kann, ist in Abbildung 5.13 dargestellt.

Erhöht man den kritischen Strom der Anordnung, entweder durch Verringern die Betriebstemperatur T_k oder durch Erhöhen der Anzahl an Bandleitern, steigt auch der maximale Transportstrom I_{rms} bei gleichbleibenden Verlusten kleiner 1 $^{W}/_{m}$, siehe Abbildung 5.13.

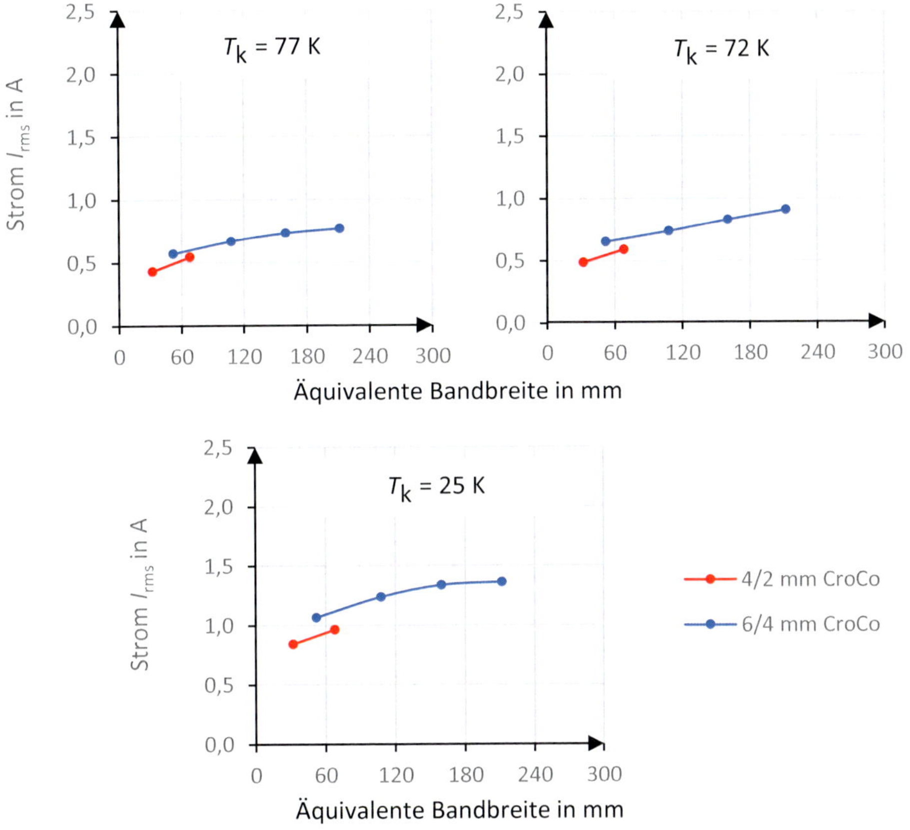

Abbildung 5.13: Maximaler Transportstrom I_{rms} der CroCo-Anordnungen bei $P_v \leq 1$ W/m.

Wird bei einer 6/4 mm CroCo-Variante und einer Betriebstemperatur T_k = 77 K die Bandleitermenge vervierfacht, erhöht sich der effektive Transportstrom allerdings nur um 35 % von 810 A auf 1.100 A. Bei einer Betriebstemperatur T_k = 25 K wird bei einer vierfachen Erhöhung der Bandleitermenge sogar nur noch eine Steigerung des effektiven Transportstroms von 28 % erreicht.

Eine Übertragung des Bemessungsstroms I_r = 5 kA ist mit einer einzelnen CroCo-Anordnung und einem niedrigen Verlustniveau dementsprechend nicht möglich.

5.1.3 Verlustberechnung einer CorC-Anordnung

Bei der in Kapitel 3.6 beschriebenen CorC-Anordnung werden Bandleiter konzentrisch um einen Former gewickelt. Durch eine mehrlagige Wicklung und einem kleinen Durchmesser des Formers ist es möglich, eine große Anzahl an Bandleitern auf kleiner Querschnittsfläche unterzubringen. Durch die konzentrische Wicklung erfolgt zudem die Beeinflussung der Bandleiter hauptsächlich durch parallele und weniger durch senkrechte Magnetfeldanteile. Mit einem Wicklungswinkel von 45° wird die HTS-Schicht des Bands mechanisch kaum belastet und reduziert somit auch nicht die kritische Stromtragfähigkeit des Einzelbands [VAN-19].

In der folgenden Betrachtung werden 4 mm-Bänder um einen Kupferformer mit dem Durchmesser D_0 = 4 mm konzentrisch gewickelt (siehe Abbildung 5.14). Die einzelnen Wicklungslagen müssen immer vollständig besetzt sein, um den Abstand zwischen den Bandleitern so gering wie möglich zu halten. Die Wicklungsrichtung der Lagen alterniert dabei zwischen ± 45°. Durch die gegenläufigen Wicklungsrichtungen reduziert sich das Magnetfeld und damit auch die Wirbelstromverluste im Kupferformer. Um den Einfluss des kritischen Stroms bei der Betrachtung zu berücksichtigen, wird die Anzahl N der Bandleiter von 4 bis 40 Bändern variiert. Das entspricht 2 bis 13 Wicklungslagen.

In Tabelle 5.5 sind die kritischen Stromwerte für eine einzelne CorC-Anordnung, abhängig von der Anzahl N an Bandleitern und der Betriebstemperatur T_k, dargestellt.

Die Höhe des kritischen Stroms wird wieder maßgeblich über die Anzahl N der Bänder sowie der Betriebstemperatur T_k bestimmt. Eine große Anzahl an Bandleitern oder eine tiefe Betriebstemperatur erhöht das I_c der Anordnung.

Tabelle 5.5: Kritischer Strom I_c in kA einer einzelnen CorC-Anordnung abhängig von Temperatur, Bandbreite und Anzahl der Bandleiter.

		Temperatur T_k in K		
Bandanzahl	Wicklungslagen	77	72	25
4	2	0,62	0,84	2,26
6	3	0,85	1,13	2,97
12	6	1,45	1,92	4,84
22	9	2,32	3,03	7,48
32	11	3,09	4,02	9,80
40	13	3,67	4,76	11,54

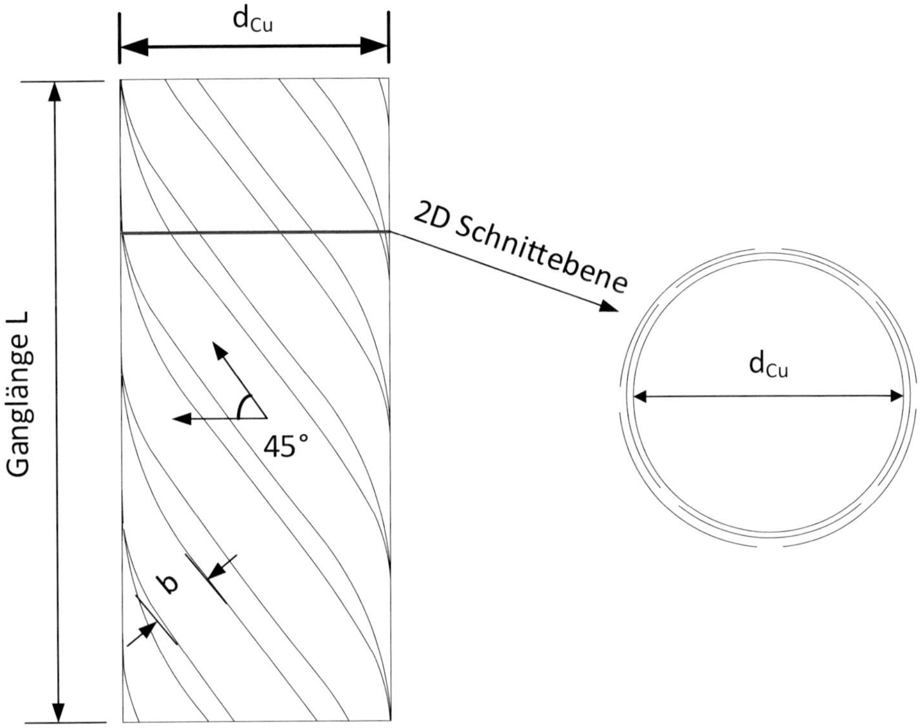

Abbildung 5.14: Schematische Darstellung einer CorC-Anordnung mit entsprechender 2D-Schnittebene.

In Abbildung 5.15 ist der kritische Strom für die drei Betriebstemperaturen über die Anzahl an Bandleiter dargestellt.

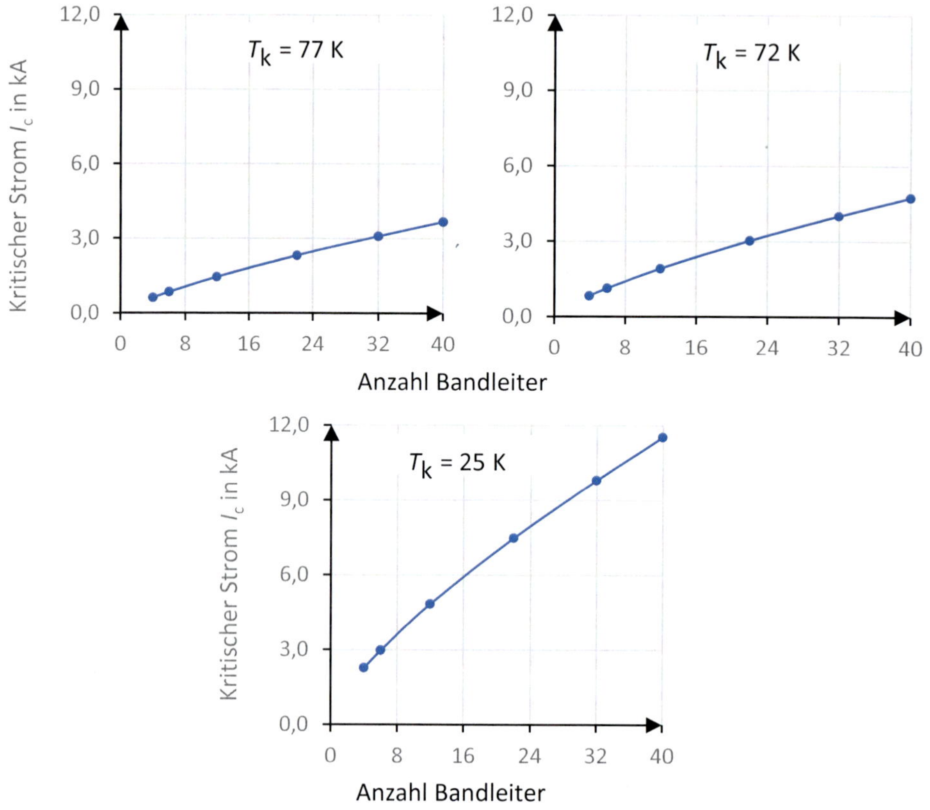

Abbildung 5.15: Kritischer Strom I_c der CorC-Anordnung abhängig von Temperatur und Anzahl der Bandleiter.

Die Reduktion des kritischen Stroms der CorC-Anordnung bezogen auf den aufsummierten kritischen Strom der Einzelbänder (Gleichung (5.5)), ist in Abbildung 5.16 dargestellt.

Die Reduktion ist abhängig von der Anzahl an Bandleitern und der Betriebstemperatur. Der kritische Strom der Gesamtanordnung reduziert sich auf 98 % des I_c der Einzelbänder bei einer Betriebstemperatur T_k = 77 K und 4 Bandleitern sowie auf nur noch 30 % bei einer Betriebstemperatur T_k = 25 K und 40 Bandleitern.

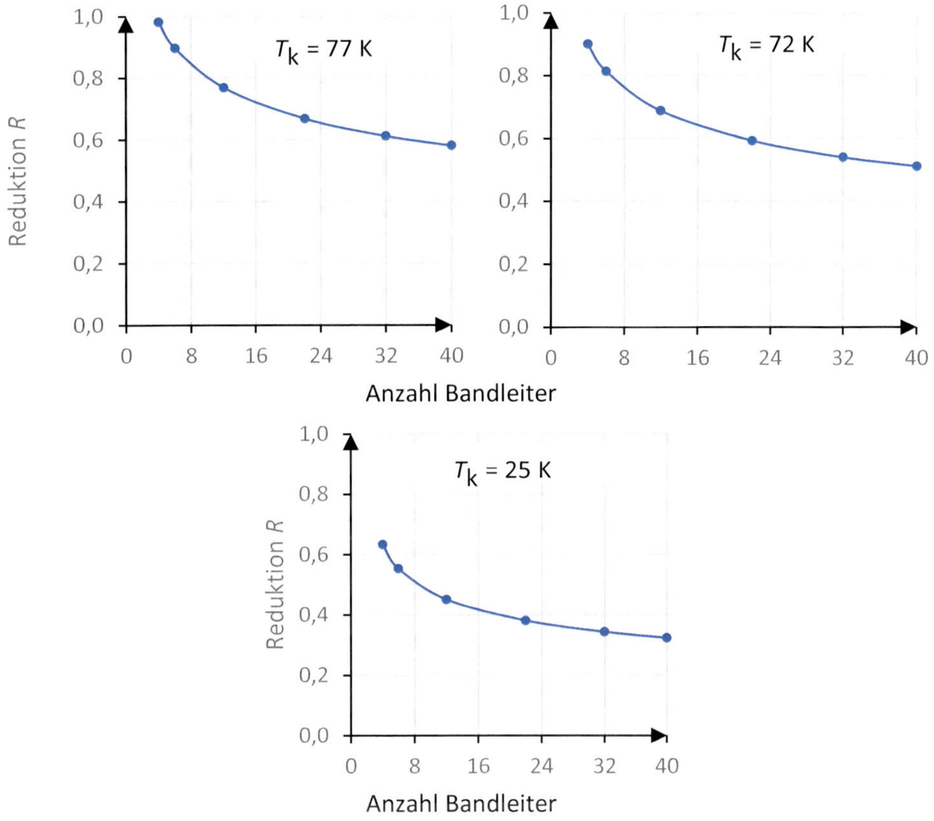

Abbildung 5.16: Maximale Auslastung der CorC-Anordnung abhängig von Temperatur und Anzahl der Bandleiter.

Wird eine CorC-Anordnung mit $I = I_c$ maximal belastet, ergeben sich hohe AC-Verluste. In Abbildung 5.17 ist die Verlustleistung P_v bei einem normierten Stromverhältnis $\hat{i}/I_c$ dargestellt, bezogen auf 1 m Kabellänge und der Frequenz f = 50 Hz.

Ähnlich der Stack- oder CroCo-Anordnung steigen die Verluste bei CorC-Anordnungen mit einem höheren kritischen Strom aber gleicher prozentualen Belastung $\hat{i}/I_c$. Wird eine CorC-Anordnung bei einer Betriebstemperatur T_k = 77 K mit sechs Bandleitern und einem kritischen Strom I_c = 0,85 kA, sowie eine Anordnung mit 40 Bandleitern und einem kritischen Strom I_c = 3,67 kA jeweils mit dem Verhältnis $\hat{i}/I_c$ = 0,4 belastet, ergibt sich für die Anordnung mit 40 Bandleitern eine ~ 40-mal höhere Verlustleistung als für eine mit sechs Bandleitern.

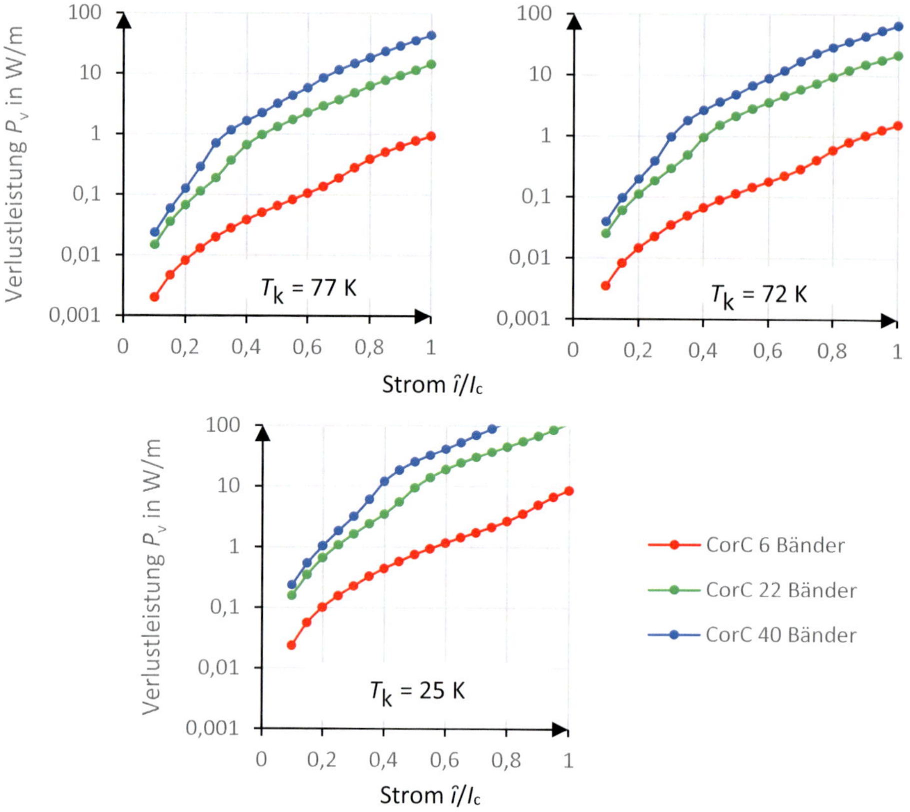

Abbildung 5.17: Verlustleistung P_v von CorC-Anordnungen mit 6, 22 und 40 Bandleitern, für das Stromverhältnis $\hat{\imath}/I_c$ abhängig von der Temperatur T_k.

Für eine Reduktion der Verluste muss die Anordnung im Teillastbetrieb betrieben werden. Dabei ist das Verhältnis $\hat{\imath}/I_c$ entsprechend zu wählen, um die Verluste auf einem niedrigen Niveau zu halten. Je höher dabei der kritische Strom der Gesamtanordnung ist, desto geringer muss das Stromverhältnis ausfallen.

Bei T_k = 77 K und sechs Bandleitern mit einem kritischen Strom I_c = 0,85 kA kann die CorC-Anordnung vollständig belastet werden, ohne dass die Verluste 1 W/m übersteigen. Vergrößert man den kritischen Strom, indem die Anzahl an Bandleitern erhöht wird, sinkt das $\hat{\imath}/I_c$-Verhältnis auf bis zu 0,32 um Verluste kleiner 1 W/m beizubehalten, sodass die CorC-Anordnung in einem sehr niedrigen Teillastverhältnis betrieben werden muss. Senkt man die Temperatur auf T_k = 25 K tritt dieses Phänomen verstärkt auf.

In Abbildung 5.18 wird der maximale Transportstrom $I = \frac{\hat{i}}{\sqrt{2}}$ dargestellt, den eine CorC-Anordnung bei Verlusten kleiner 1 $^{W}/_{m}$ übertragen kann. Bei einer Erhöhung der Bandleiteranzahl oder Verringerung der Betriebstemperatur steigt auch der maximal mögliche Transportstrom. Die Anstiegsrate flacht allerdings bei einer hohen Anzahl an Bandleitern ab.

Bei der Temperatur $T_k = 77$ K bringt eine knappe Verdoppelung des supraleitenden Materials von 22 Bänder auf 40 Bänder nur eine Erhöhung des Transportstroms von 8 %.

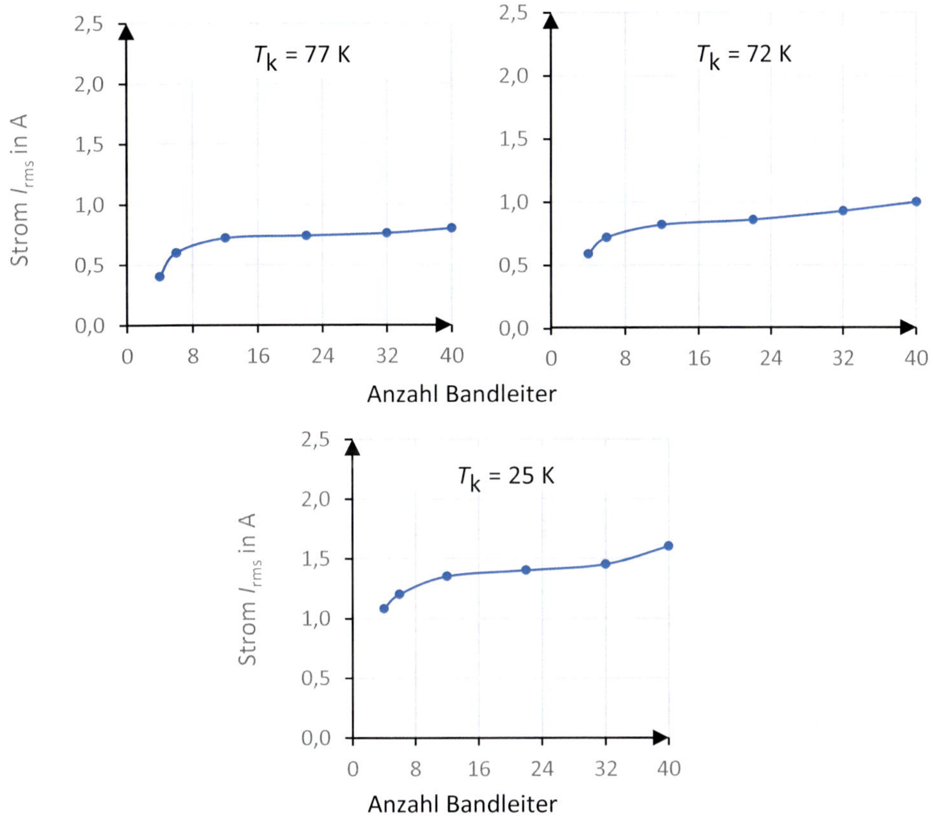

Abbildung 5.18: Effektiver Transportstrom I_{rms} der CorC-Anordnung bei $P_v \leq 1$ W/m.

Bei einer mehrlagig gewickelten Anordnung von Bandleitern fällt der Hauptteil der Gesamtverluste auf den äußeren Lagen an. Diese sehen das komplette magnetische Feld und haben somit die geringste kritische Stromtragfähigkeit. In Abbildung 5.19 ist die normierte Stromaufteilung sowie der Verlustanteil der einzelnen Bandleiter einer CorC-

Anordnung mit 12 Bandleitern / 6 Wicklungslagen beziehungsweise 22 Bandleitern / 9 Wicklungslagen dargestellt.

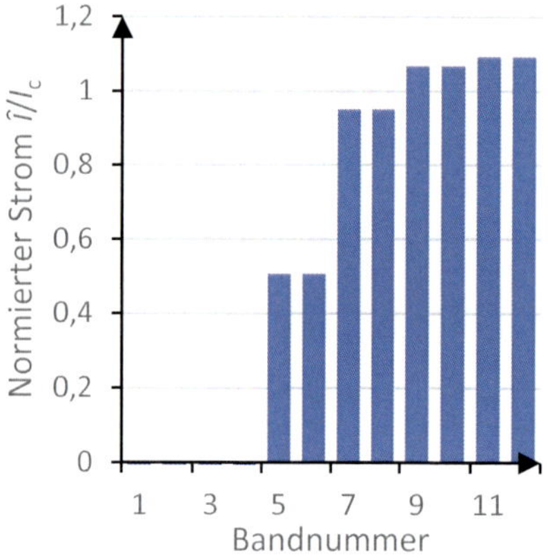

(a) Norm. Stromaufteilung bei CorC (12 Bandleiter)

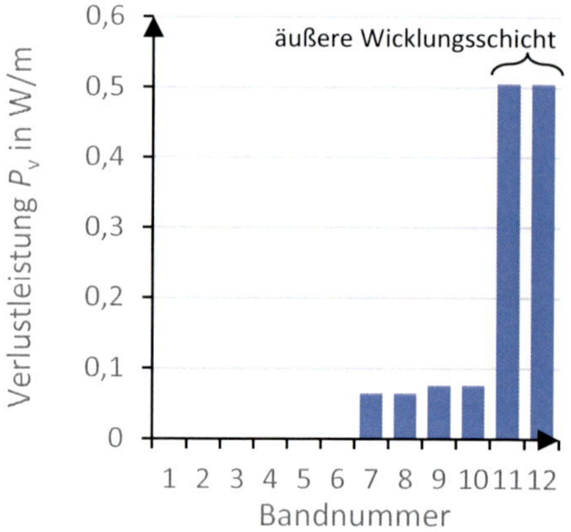

(b) Verlustanteile bei CorC (12 Bandleiter)

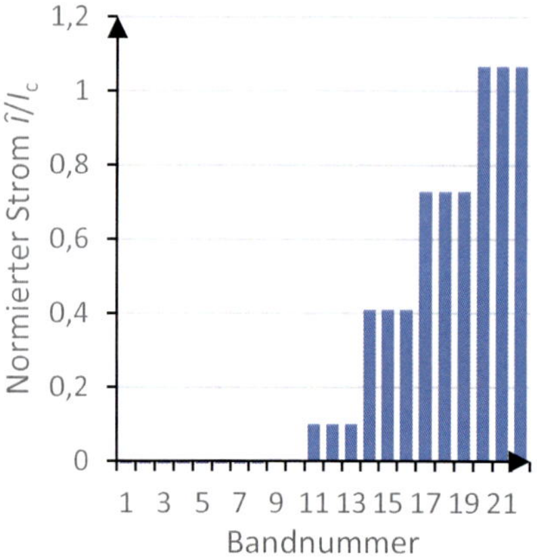

(c) Norm. Stromaufteilung bei CorC (22 Bandleiter)

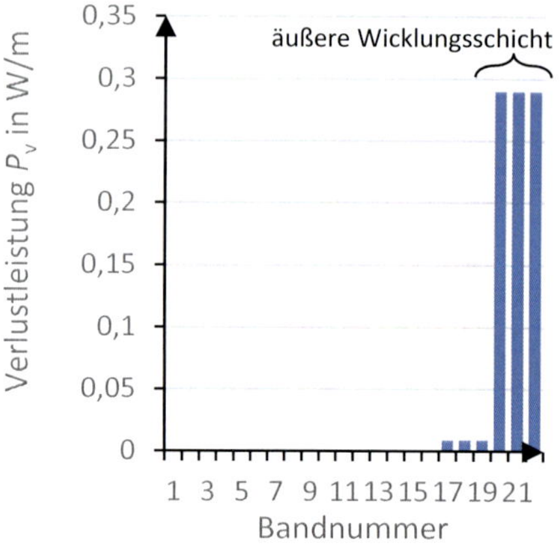

(d) Verlustanteile bei CorC (22 Bandleiter)

Abbildung 5.19: Die Stromaufteilung (a) und (c) sowie Verlustanteile (b) und (d) der einzelnen Bandleiter einer CorC-Anordnung bei einem effektiven Transportstrom I = 720 A und Betriebstemperatur T_k = 77 K.

Die Werte basieren auf einem effektiven Transportstrom I = 720 A bei einer Betriebstemperatur T_k = 77 K. Die Gesamtverluste bei beiden CorC-Anordnungen mit diesem Transportstrom beträgt $P_v \approx 1\ ^{W}/_{m}$.

Die Bandleiter auf der äußersten Wicklungsschicht sind in beiden Fällen vollständig ausgelastet, während sich die innen liegenden Bandleiter noch im niedrigen Teillastbereich befinden. Entsprechend fallen ca. 90 % der Gesamtverluste auf der äußeren Wicklungslage an. Bei der CorC-Anordnung mit zwölf Bandleitern werden die inneren Lagen jedoch besser ausgenutzt als bei einer CorC-Anordnung mit 22 Bandleitern. Somit können beide Anordnungen den gleichen Strom bei ähnlichen Verlusten übertragen.

Werden weitere Wicklungslagen aufgebracht, hat das dementsprechend nur einen kleinen Einfluss auf die Verlustleistung der Anordnung. Die äußeren Lagen werden weiterhin an der Belastungsgrenze betrieben und die inneren Lagen in einem niedrigen und damit verlustarmen Teillastbetrieb.

5.1.4 Vergleich der Einzel-Anordnungen

Bei der Berechnung des kritischen Stroms I_c und der AC-Verluste P_v spielt die Anzahl der Bandleiter N, deren Ausrichtung zueinander und die Betriebstemperatur T_k eine entscheidende Rolle. Dabei haben die Stack-, CroCo- und CorC-Anordnung gemeinsam, dass eine größere Anzahl an Bandleitern den kritischen Strom erhöht (Abbildung 5.5, Abbildung 5.10 und Abbildung 5.15) und auch der maximal mögliche Transportstrom bei Verlusten kleiner 1 $^{W}/_{m}$ ansteigt (Abbildung 5.8, Abbildung 5.13 und Abbildung 5.18). Allerdings nimmt die maximale Auslastung gegenüber von Einzelbänder dabei massiv ab (Abbildung 5.6, Abbildung 5.11 und Abbildung 5.16) zudem muss die jeweilige Anordnung in einem niedrigen Teillastbetrieb $^{\hat{I}}/_{I_c} < 1$ betrieben werden, um geringe Verluste zu generieren (Abbildung 5.7, Abbildung 5.12 und Abbildung 5.17).

Bei der Stack-Anordnung wurden drei Varianten mit Bandbreiten 4 mm, 6 mm und 12 mm betrachtet. Für die CroCo-Anordnung sind zwei Varianten mit 2 mm / 4 mm breiten Bändern sowie mit 4 mm / 6 mm breiten Bändern berechnet worden. Bei der Stack- sowie der CroCo-Anordnung erreichen die Varianten mit einer größeren Querschnittsfläche auch einen höheren kritischen Stromwert sowie einen höheren möglichen Transportstrom, bei gleichem Materialeinsatz gegenüber den Varianten mit kleinerer Querschnittsfläche. Das vom Transportstrom erzeugte magnetische Eigenfeld der Anordnung ist bei einer kleinen Leiterquerschnittsfläche größer und reduziert somit in einem stärkeren Maß den kritischen Strom I_c beziehungsweise erhöht die Verluste P_v.

Um einen Vergleich der drei Anordnungen zu erstellen, werden die Varianten mit ähnlicher Querschnittsfläche gewählt. Im Folgenden sind das die Stack-Anordnung mit

6 mm breiten Bändern, die CroCo-Anordnung mit 4 mm / 6 mm breiten Bändern sowie die CorC-Anordnung mit einem 4 mm Former-Durchmesser. Die Querschnittsfläche der CorC-Anordnung ist dabei von der Anzahl an Wicklungslagen abhängig.

Tabelle 5.6: Querschnittsfläche der drei Leiteranordnungen Stack, CroCo und CorC.

	Symbol	6 mm Stack	4/6 mm CroCo	CorC	Einheit
Radius	r_1	4,2	3,6	2,3-3,9	mm
Querschnittsfläche	A	56,5	41	17-49	mm²

In Abbildung 5.20 ist der kritische Strom der drei Anordnungen für unterschiedliche Temperaturen T_k über die äquivalente Bandbreite der Bandleiter, dargestellt.

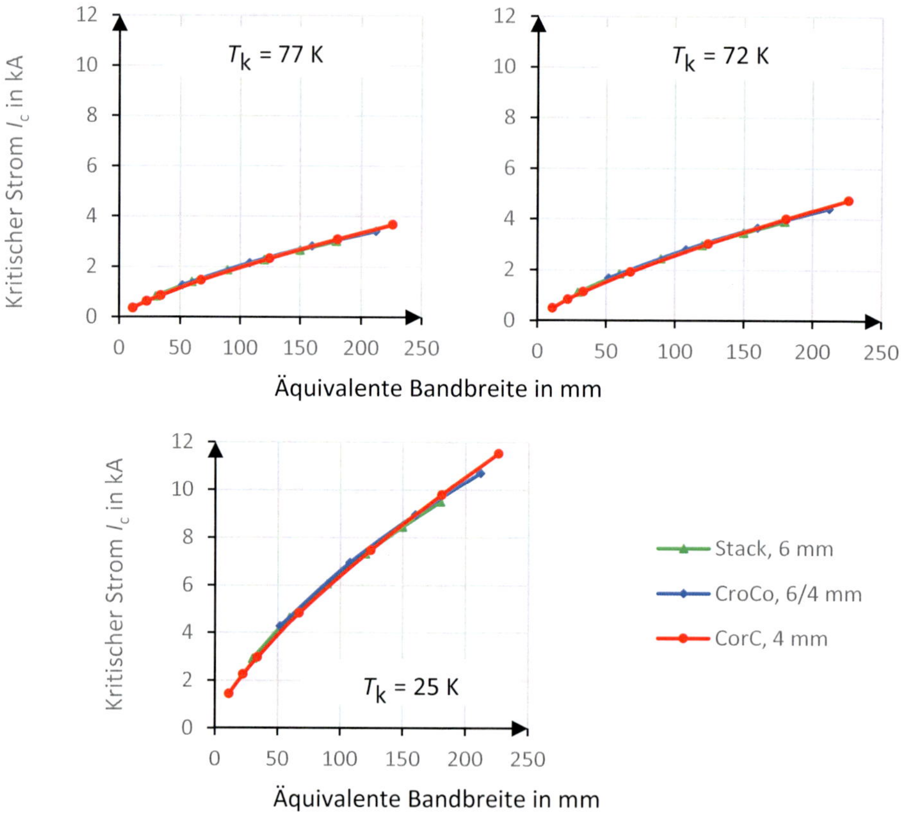

Abbildung 5.20: Kritischer Strom I_c einer Stack-, CroCo- und CorC-Anordnung abhängig von Temperatur und Anzahl an Bandleitern.

Auf Grund der helikalen Wicklung der Bandleiter einer CorC-Anordnung mit einem Wicklungswinkel von 45° wird für ein Kabel mit 1 m Länge das $\frac{1}{\cos(45°)} = \sqrt{2}$-fache an Leiterlänge gebraucht. Um diesen Faktor zu berücksichtigen und einen Vergleich mit der Stack- und CroCo-Anordnung zu ermöglichen, wird die äquivalente Bandbreite der CorC-Anordnung mit dem Faktor $\sqrt{2}$ multipliziert. Bei gleichem Einsatz an supraleitendem Material sind auch die kritischen Ströme I_c der Anordnungen ähnlich.

Wird der maximale effektive Transportstrom verglichen, den die drei Anordnungen mit Verlusten kleiner 1 $^{W}/_{m}$ übertragen können, ergeben sich deutlichere Unterschiede. In Abbildung 5.21 ist ersichtlich, dass eine CorC-Anordnung mit einer kleinen Anzahl an Bandleitern eine wesentlich höhere Stromtragfähigkeit hat als vergleichbare Stack- oder CroCo-Anordnungen. Mit zunehmender Anzahl an Bandleitern und Wicklungsschichten beim CorC, passt sich die Stromtragfähigkeit einer CroCo oder Stack-Anordnung an.

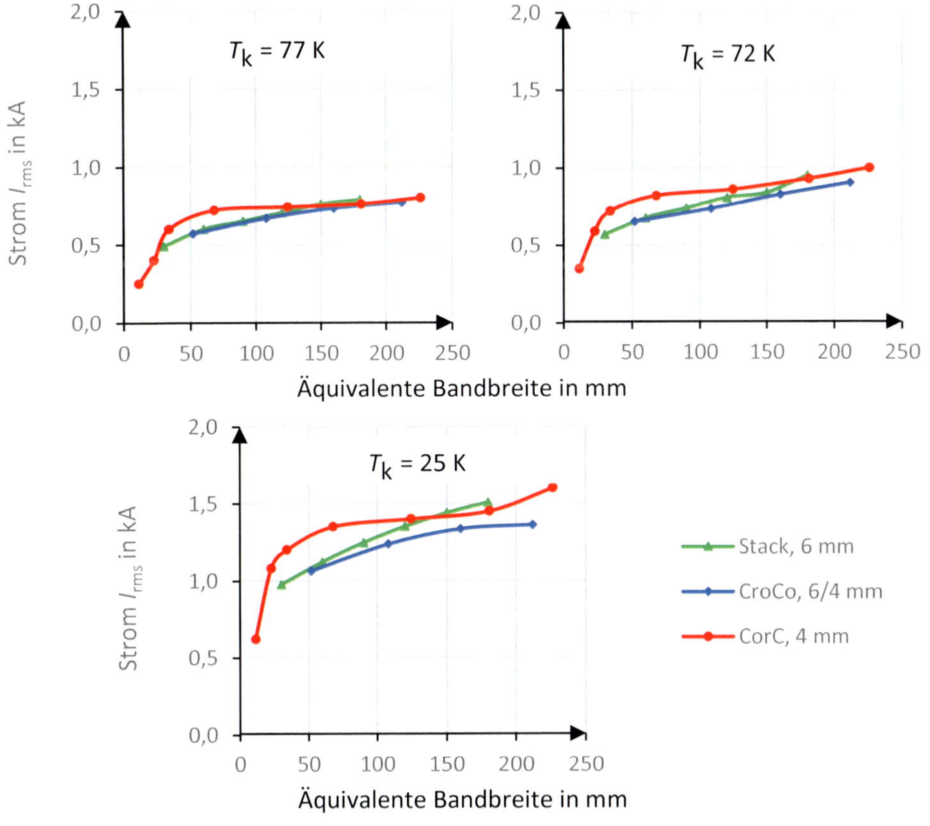

Abbildung 5.21: Effektiver Transportstrom I_{rms} bei $P_v \leq 1$ W/m abhängig von Temperatur und Anzahl der Bänder.

Zudem haben eine vergleichbare Stack- und CroCo-Anordnung eine ähnliche Stromtragfähigkeit bei Verlusten kleiner 1 $^{W}/_{m}$. Nur bei tiefen Temperaturen und einer großen Anzahl an Bandleitern ist eine Stack-Anordnung geringfügig besser. Durch die kreuzförmige Anordnung der Bandleiter eines CroCo sind die breiten Bandleiter teilweise auch einem senkrechten Magnetfeld ausgesetzt und generieren Verlustleistung. Dagegen sind bei der Stack-Anordnung die mittleren Bandleiter von dem Magnetfeld abgeschirmt.

5.2 Auslegung des einphasigen Systems

Für einen Phasenstrom $I_r = 5$ kA und einer angestrebten Verlustleistung $P_{v,ph} \leq 1$ $^{W}/_{m}$ wird für den Phasenleiter eine Mehrleiteranordnung benötigt, bestehend aus den in Kapitel 3.4, 3.5 und 3.6 vorgestellten Bandleiter-Anordnungen. Im Folgenden entspricht daher eine Stack-/CroCo- oder CorC-Anordnung einem Leiter.

Dabei muss berücksichtigt werden, dass die Magnetfelder benachbarter Leiter einen erheblichen Einfluss ausüben und den kritischen Strom I_c heruntersetzen sowie die Verlustleistung P_v erhöhen. Bei einer kreisförmigen Anordnung der Leiter kann die Magnetfeldbelastung durch benachbarte Leiter als identisch angenommen werden, um somit eine gleichmäßige Stromaufteilung auf die einzelnen Leiter zu gewährleisten.

Der Radius r_2 dieser kreisförmigen Leiter-Anordnung wird schrittweise verringert und die jeweils minimal benötigte Anzahl n_{min} an Leitern berechnet, um eine Verlustleistung $P_{v,ph} \leq 1$ $^{W}/_{m}$ bei einem effektiven Nennstrom $I_r = 5$ kA zu erreichen (siehe Abbildung 5.22).

Als Leiter werden die in Tabelle 5.6 angegebenen Varianten der Stack-/CroCo- oder CorC-Anordnungen gewählt, um eine vergleichbare Querschnittsfläche zu erhalten. Bei einem theoretisch angenommenen unendlich großen Radius r_2 kommt es zu keiner magnetischen Beeinflussung durch benachbarte Leiter. In der folgenden Auslegung wird dieser theoretische Vergleichswert mit aufgenommen, um den elektromagnetisch idealen Fall aufzuzeigen. Die benötigte Anzahl an parallelen Leitern $n_{min,ideal}$ wird mit Gleichung (5.1) und den entsprechenden Werten für $I_{rms,Leiter}$ und $P_{v,Leiter}$ ermittelt ($I_{rms,Leiter}$ und $P_{v,Leiter}$ können für ausgewählte Varianten der Bandleiter-Anordnungen aus der Abbildung 5.7, Abbildung 5.12 und Abbildung 5.17 entnommen werden).

Bei einem endlichen Radius r_2 wird die benötigte Anzahl n_{min} iterativ mit der in Kapitel 4 vorgestellten numerischen Methode berechnet. Dabei wird der Radius schrittweise von $r_2 = 50$ mm bis $r_2 = 20$ mm verkleinert.

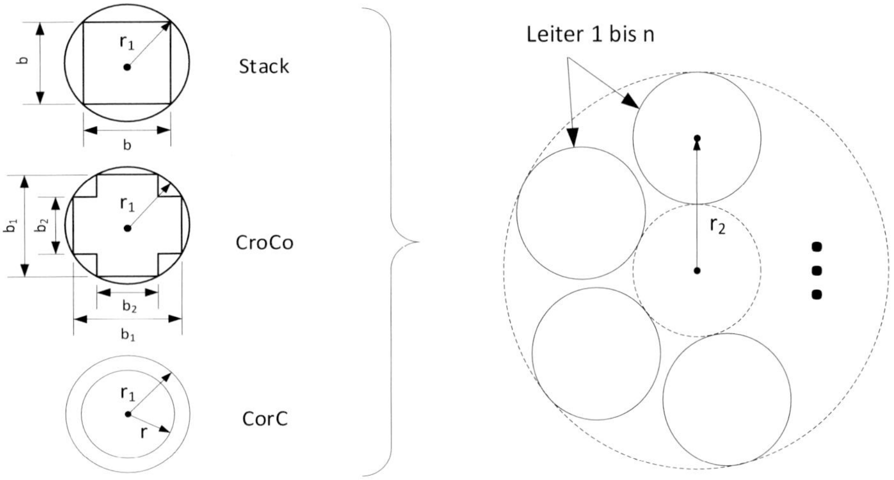

(a) Stack-/CroCo- oder CorC-Anordnung (b) Einphasige Anordnung der Leiter

Abbildung 5.22: Geometrische Anordnung der Leiter für das einphasige System.

5.2.1 Auslegung des einphasigen Stack-Systems

Die Stack-Anordnung wird mit 6 mm breiten Bandleitern und den in Tabelle 5.2 aufgelisteten Bandparametern simuliert. Neben dem Radius r_2 wird auch die Anzahl an Bandleitern pro Stack-Anordnung mit jeweils 10, 20 und 30 Bandleitern variiert, im weiteren Verlauf 10er, 20er und 30er Stack-Anordnung genannt. In Abbildung 5.23 ist die Anzahl der notwendigen parallelen Leiter für eine Verlustleistung $P_{\mathrm{v,ph}} \leq 1\ ^{\mathrm{W}}/_{\mathrm{m}}$ bei $T_{\mathrm{k}} = 77$ K dargestellt, abhängig vom Radius r_2, sowie der Anzahl an Bandleitern pro Stack-Anordnung.

Die geringste Anzahl an parallelen Leitern $n_{\mathrm{min,ideal}}$ wird bei $r_2 = \infty$ erreicht, unabhängig ob die Stack-Anordnung 10, 20 oder 30 Bandleiter hat. Hierbei gibt es keine Beeinflussung durch das magnetische Feld der benachbarten Leiter. Wird ein endlicher Radius r_2 angenommen und dieser schrittweise verkleinert, steigt die Anzahl n_{min} der parallelen Leitern an, damit die Verluste kleiner 1 $^{\mathrm{W}}/_{\mathrm{m}}$ bleiben. Je kleiner der Radius wird, desto größer wird dabei der Einfluss durch das magnetische Feld der benachbarten Leiter.

Ein Phasenleiter mit einer 30er Stack-Anordnung benötigt im idealen Fall ($r_2 = \infty$) 13 parallele Leiter, um bei $I_{\mathrm{r}} = 5$ kA eine Verlustleistung $P_{\mathrm{v,ph}}$ kleiner 1 $^{\mathrm{W}}/_{\mathrm{m}}$ zu generieren. Wird der Radius reduziert auf $r_2 = 30$ mm, muss die Anzahl der parallelen Leiter auf 25 erhöht werden, um bei identischem Nennstrom weiterhin Verluste kleiner 1 $^{\mathrm{W}}/_{\mathrm{m}}$ zu erreichen. Reduziert man den Radius weiter, ist es nicht mehr möglich, die notwendige Anzahl an parallelen Leitern auf dem Kreisumfang unterzubringen.

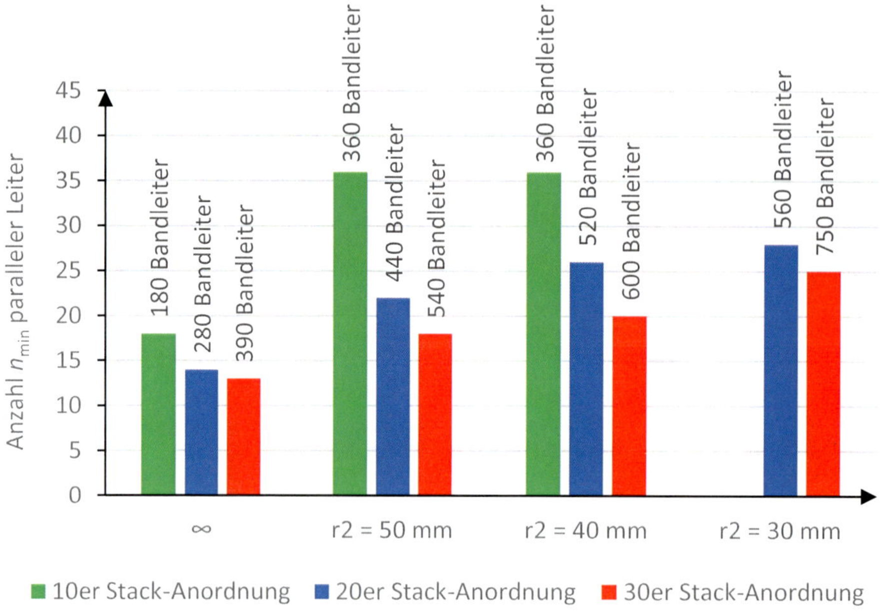

Abbildung 5.23: Minimale Anzahl n_{min} paralleler Leiter (Stack-Anordnung) bei einem Nennstrom I_r = 5 kA und Verlusten $P_{v,ph} \leq 1$ W/m bei T_k = 77 K.

Die Anzahl der Bandleiter der Gesamtanordnung kann reduziert werden, indem weniger Bandleiter pro Stack-Anordnung und stattdessen mehr parallele Leiter eingesetzt werden. Eine Stack-Anordnung mit nur zehn Bandleitern benötigt im idealen Fall ($r_2 = \infty$) zwar 18 paralleler Leiter, aber die Gesamtanzahl der Bandleiter beträgt mit 180 weniger als die Hälfte gegenüber einer Stack-Anordnung mit 30 Bandleitern und 13 parallelen Leitern. Generell ist eine geringe Anzahl an Bandleitern pro Stack-Anordnung effektiver.

In Tabelle 5.7 ist die Anzahl der notwendigen parallelen Leiter, sowie die Gesamtanzahl an Bandleitern und die äquivalente Bandbreite für das einphasige System bei den genannten Radien für r_2 und der Betriebstemperatur T_k = 77 K dargestellt. Die Betriebstemperatur ist für die Anzahl an parallelen Leitern ein wichtiger Faktor. Bei verringerter Temperatur T_k werden deutlich weniger Bandleiter benötigt. In Abbildung 5.24 ist die notwendige Anzahl an parallelen Leitern für eine Stack-Anordnung mit 20 Bandleitern dargestellt, abhängig vom Radius r_2 und für die Temperaturen T_k = 77 K, 72 K sowie 25 K.

Tabelle 5.7: Anzahl paralleler Leiter (Stack-Anordnung), der Bandleiter sowie die äquivalente Bandbreite für das einphasige System bei $I_r = 5$ kA, $P_{v,ph} \leq 1$ W/m und $T_k = 77$ K.

	Radius r_2 in mm			
	∞	50	40	30
Anzahl 6 mm Bandleiter pro Stack-Anordnung @ T_k = 77 K	**Anzahl paralleler Stack-Anordnungen**			
10	18	36	36	-
20	14	22	26	28
30	13	18	20	25
	Gesamtanzahl paralleler Bandleiter			
10	180	360	360	-
20	280	440	520	560
30	390	540	600	750
	Äquivalente Bandbreite in mm			
10	1080	2160	2160	-
20	1680	2640	3120	3360
30	2340	3240	3600	4500

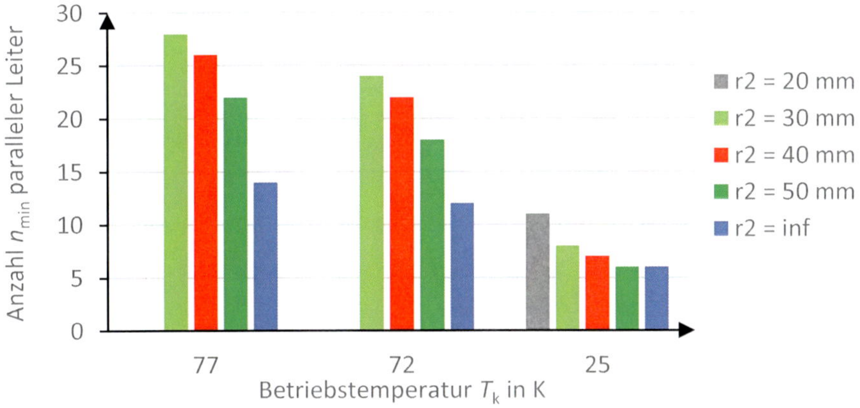

Abbildung 5.24: Minimale Anzahl n_{min} paralleler Leiter (20er Stack-Anordnung) für unterschiedlichen T_k bei $I_r = 5$ kA und $P_{v,ph} \leq 1$ W/m.

5.2.2 Auslegung des einphasigen CroCo-Systems

Für die CroCo-Anordnung werden 6 mm und 4 mm breite Bandleiter mit den in Tabelle 5.2 aufgelisteten Parametern simuliert. Die Anzahl der Bandleiter N_1 (6 mm) und N_2 (4 mm) pro CroCo-Anordnung wird dabei variiert zwischen $N_1(N_2)$ = 14(6), 20(10) und 26(14) Bandleitern. In Abbildung 5.25 ist die Anzahl der notwendigen parallelen Leiter für eine Verlustleistung $P_{v,ph} \leq 1\ ^{W}/_{m}$ bei T_k = 77 K dargestellt, abhängig vom Radius r_2 sowie der Anzahl an Bandleitern pro CroCo-Anordnung.

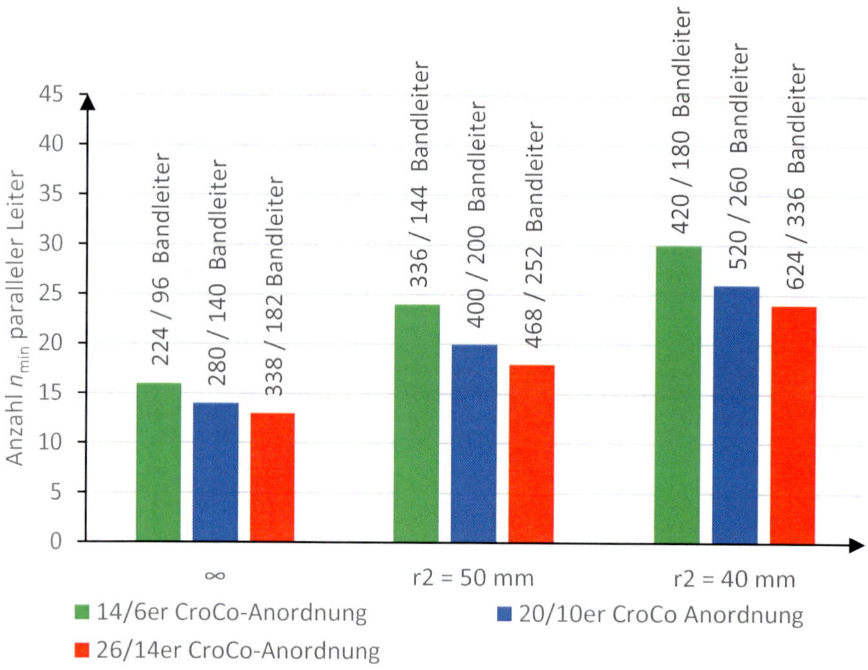

Abbildung 5.25: Minimale Anzahl n_{min} paralleler Leiter (CroCo-Anordnung, einphasiges System) bei I_r = 5 kA, $P_{v,ph} \leq 1$ W/m und T_k = 77 K.

Die Anzahl n_{min} der parallelen Leiter steigt, sobald der Radius r_2 verkleinert wird. Das Verhalten ist vergleichbar mit dem einer Stack-Anordnung (Abbildung 5.23). Grund für dieses Verhalten ist die magnetische Beeinflussung der CroCo-Anordnung durch benachbarte Leiter.

Bei einem Radius $r_2 = \infty$ (keine magnetische Beeinflussung durch benachbarte Leiter) sind 13 parallele 26/14er CroCo-Anordnungen notwendig, um bei I_r = 5 kA eine

Verlustleistung kleiner 1 $^{W}/_{m}$ zu erreichen. Die Anzahl erhöht sich auf 24 parallele Leiter, sobald die 26/14er CroCo-Anordnungen auf einem Radius r_2 = 40 mm angeordnet werden.

In Tabelle 5.8 ist die benötigte Anzahl an parallelen Leiter, die daraus resultierende Anzahl an Bandleitern sowie die äquivalente Bandbreite für das einphasige System bei einer Betriebstemperatur T_k = 77 K dargestellt.

Ab einem Radius r_2 < 40 mm ist es dabei nicht mehr möglich, die notwendige Anzahl an parallelen CroCo-Anordnungen auf dem Umfang unterzubringen.

Ähnlich der Stack-Anordnung kann die Anzahl an Bandleitern reduziert werden, indem weniger Bandleiter pro CroCo-Anordnung und dafür mehr parallele Leiter genutzt werden. Dadurch lässt sich eine bessere Verteilung der Bandleiter auf die zur Verfügung stehende Querschnittsfläche erreichen.

Tabelle 5.8: Anzahl paralleler Leiter (CroCo-Anordnung), der Bandleiter sowie die äquivalente Bandbreite bei I_r = 5 kA , $P_{v,ph}$ ≤ 1 W/m und T_k = 77 K.

		Radius r_2 in mm			
		∞	50	40	30
Anzahl 6 / 4 mm Bandleiter pro CroCo-Anordnung @ T_K = 77 K		Anzahl paralleler CroCo-Anordnungen			
	14/6	16	24	30	-
	20/10	14	20	26	-
	26/14	13	18	24	-
		Gesamtanzahl paralleler Bandleiter			
	14/6	224 / 96	336 / 144	420 / 180	-
	20/10	280 / 140	400 / 200	520 / 260	-
	26/14	338 / 182	468 / 252	624 / 336	-
		Äquivalente Bandbreite in mm			
	14/6	1728	2592	3240	-
	20/10	2240	3200	4160	-
	26/14	2756	3816	5088	-

Der Einfluss der Betriebstemperatur T_k auf die Anzahl an parallelen CroCo-Anordnungen ist in Abbildung 5.26 für einen CroCo mit 14 ×6 mm und 6 ×4 mm Bandleitern (14 / 6er CroCo) dargestellt.

Eine Verringerung der Temperatur, damit einhergehend einem vergrößerten kritischen Strom I_c der Bandleiter, reduziert die Anzahl an parallelen Leitern. Somit ist bei T_k = 25 K eine Anordnung der parallelen Leiter auf einem Radius r_2 = 30 mm und r_2 = 20 mm möglich.

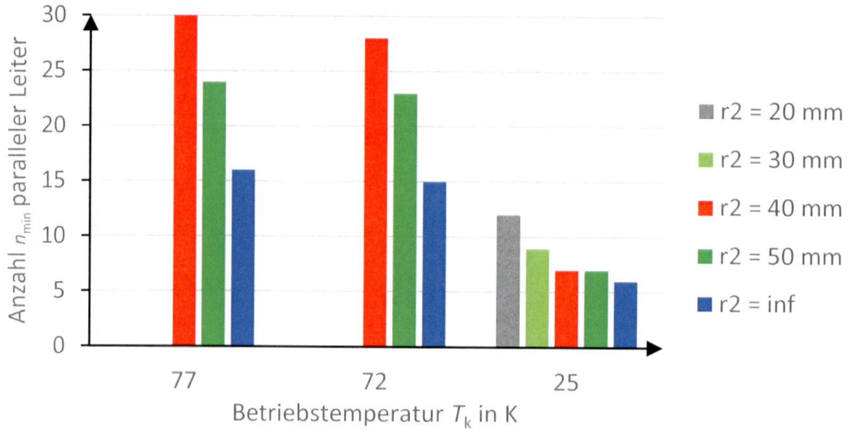

Abbildung 5.26: Minimale Anzahl n_{min} paralleler Leiter (14/6er CroCo, einphasiges System) für unterschiedliche T_k bei I_r = 5 kA und $P_{v,ph} \leq 1$ W/m.

5.2.3 Auslegung des einphasigen CorC-Systems

Für die CorC-Anordnung werden 4 mm Bandleiter mit den in Tabelle 5.2 aufgelisteten Bandparametern konzentrisch um einen Kupferformer mit dem Durchmesser D_0 = 4 mm gewickelt. Die Anzahl der Bandleiter variiert dabei zwischen N = 4, 6, 12 und 22. Eine größere Anzahl an Bandleitern bietet keinen Mehrwert bei den Verlusten, da der Hauptteil an Verlustleistung auf den Bändern der äußersten Wicklungslage generiert wird (siehe Kapitel 5.1.3).

In Abbildung 5.27 ist die Anzahl der notwendigen parallelen Leiter für eine Verlustleistung $P_{v,ph}$ kleiner 1 $^{W}/_{m}$ bei T_k = 77 K dargestellt, abhängig vom Radius r_2 sowie der Anzahl an Bandleitern pro CorC-Anordnung.

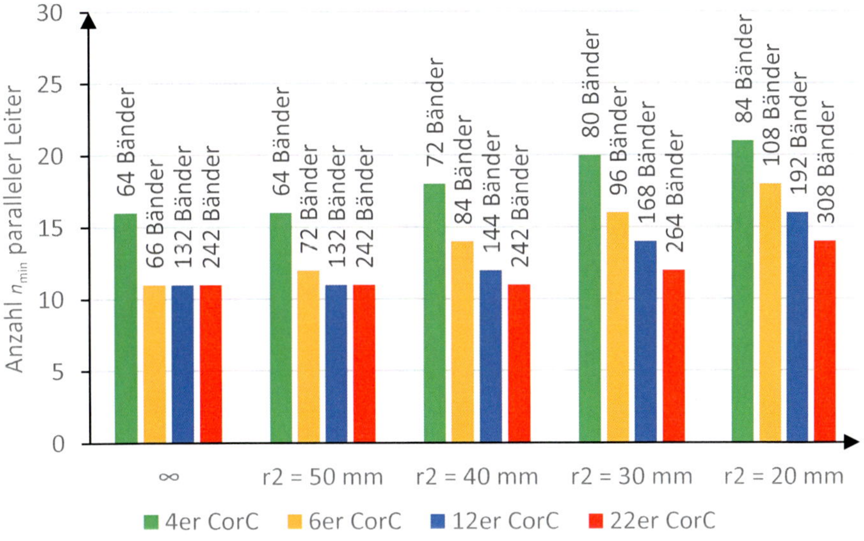

Abbildung 5.27: Minimale Anzahl n_{min} paralleler Leiter (CorC-Anordnungen) für eine Phase mit einem Nennstrom $I_r = 5$ kA und Verlusten $P_{v,ph} \leq 1$ W/m bei der Betriebstemperatur $T_k = 77$ K.

Die Anzahl der parallelen Leiter wird dabei nur geringfügig von der Anzahl an Bandleitern pro CorC-Anordnung beeinflusst. Das lässt sich darauf zurückführen, dass die Verluste weiterhin primär auf den äußersten Wicklungslagen entstehen und die inneren Lagen nur einen kleinen Teilstrom übernehmen. Nur bei der CorC-Anordnung mit 4 Bandleitern und 2 Wicklungslagen ist eine größere Anzahl an parallelen Leitern notwendig. Beide Wicklungslagen tragen hierbei einen Teilstrom nahe dem jeweiligen kritischen Strom der Bandleiter, somit werden zwangsläufig mehr parallele Leiter benötigt, auf die sich der Strom aufteilen kann.

Eine Beeinflussung durch benachbarte CorC-Anordnungen spielt bei kleiner werdenden Radien r_2 eine Rolle, jedoch ist dieser Effekt schwächer ausgeprägt als bei vergleichbaren Stack- oder CroCo-Anordnungen. Bedingt durch die Geometrie des CorC sehen die Bandleiter größtenteils parallele Magnetfeldanteile. Deren Einfluss auf den kritischen Strom, sowie auf die Verlustleistung ist wesentlich geringer im Vergleich zu senkrechten Magnetfeldanteilen (siehe Abbildung 2.6).

So werden im Idealfall, Radius $r_2 = \infty$, nur elf parallele Leiter mit jeweils sechs Bändern benötigt, um bei einem Nennstrom $I_r = 5$ kA Verluste von $P_{v,ph}$ kleiner 1 $^{W}/_{m}$ zu generieren. Bei einem Radius $r_2 = 20$ mm, erhöht sich die Anzahl der Leiter auf 18.

In Tabelle 5.9 ist die Anzahl der notwendigen parallelen Leiter, sowie die Gesamtanzahl an Bandleitern und die äquivalente Bandbreite für das einphasige System bei einem Radius r_2 und der Betriebstemperatur T_k = 77 K dargestellt.

Tabelle 5.9: Anzahl paralleler Leiter (CorC-Anordnung), der Bandleiter sowie die äquivalente Bandbreite bei I_r = 5 kA , $P_{v,ph} \leq 1$ W/m und T_k = 77 K.

Anzahl 4 mm Bandleiter pro CorC-Anordnung @ T_K = 77 K	Radius r_2 in mm				
	∞	50	40	30	20
	Anzahl paralleler CorC-Anordnungen				
4	16	16	18	20	21
6	11	13	14	16	18
12	11	12	12	14	16
22	11	11	11	12	14
	Gesamtanzahl paralleler Bandleiter				
4	64	64	72	80	84
6	66	72	84	96	108
12	132	132	144	168	192
22	242	242	242	264	308
	Äquivalente Bandbreite in mm				
4	256	256	288	320	336
6	264	288	336	384	432
12	528	528	576	672	768
22	968	968	968	1056	1232

Mit einer sinkenden Betriebstemperatur T_k kann die Anzahl an parallelen Anordnungen reduziert werden. In Abbildung 5.28 ist die notwendige Anzahl n_{min} an parallelen CorC-Anordnungen mit 6 ×4 mm Bandleitern pro Anordnung für die Temperaturen T_k = 77 K, 72 K sowie 25 K und unterschiedliche Radien r_2 dargestellt.

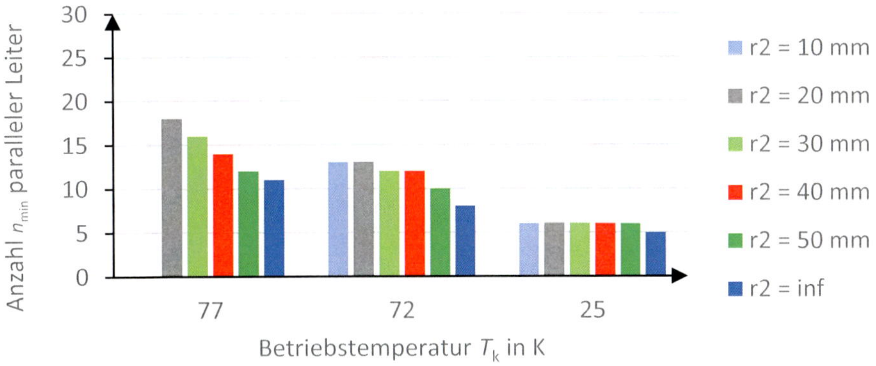

Abbildung 5.28: Minimale Anzahl n_{min} paralleler Leiter (CorC-Anordnung) für unterschiedliche T_k bei $I_r = 5$ kA , $P_{v,ph} \leq 1$ W/m.

5.3 Auslegung des dreiphasigen Systems

Für das dreiphasige supraleitende Kabel wird flüssiger Stickstoff (LN_2) als Kühlmedium sowie als dielektrische Isolation zwischen den Phasen genutzt. Durch das fehlende feste Isolationsmaterial steht damit grundsätzlich eine größere Querschnittsfläche zur Verfügung, was zusätzlich eine bessere Kühlung des Systems mit einem kleineren Druckabfall über dem Kabel sowie ein größeres LN_2-Volumen ermöglicht [FRA-21].

Um eine homogene Feldverteilung innerhalb des Kabels zu erhalten, werden die Phasenleiter mit einer Leitschicht umwickelt. Dadurch bleiben die entstandenen Räume zwischen den kreisförmig angeordneten Einzelleiteranordnungen feldfrei und der Phasenleiter kann vereinfachend als zweidimensionaler Kreis mit einem Außendurchmesser

$$r_p = r_2 + r_1 \tag{5.6}$$

angenommen werden. Der Abstand zwischen den drei Phasenleiter muss bei einer symmetrischen Anordnung zwangsläufig identisch sein. Die Positionierung erfolgt entlang des Radius r_3 und einer 120°-Verschiebung um den Mittelpunkt (Abbildung 5.29).

Für eine optimale Anordnung der drei Phasenleiter muss dementsprechend das elektrische Feld ermittelt werden. Das elektrische Feld wird mit Hilfe des Gaußschen Gesetzes

$$\nabla \boldsymbol{E} = \frac{\rho}{\varepsilon_0} \tag{5.7}$$

und dem elektrostatischen Potential

$$\mathbf{E} = -\nabla \phi \tag{5.8}$$

berechnet. Hierbei entspricht ρ der Ladungsdichte und ε_0 der Dielektrizitätskonstante. Die daraus resultierende Poisson-Gleichung

$$\nabla(\nabla \phi) = \Delta \phi = -\frac{\rho}{\varepsilon_0} \tag{5.9}$$

kann mit einer FEM für beliebige Geometrien gelöst werden. In dieser Arbeit wurde hierfür der pde-Solver von MATLAB [MAT-19b] verwendet.

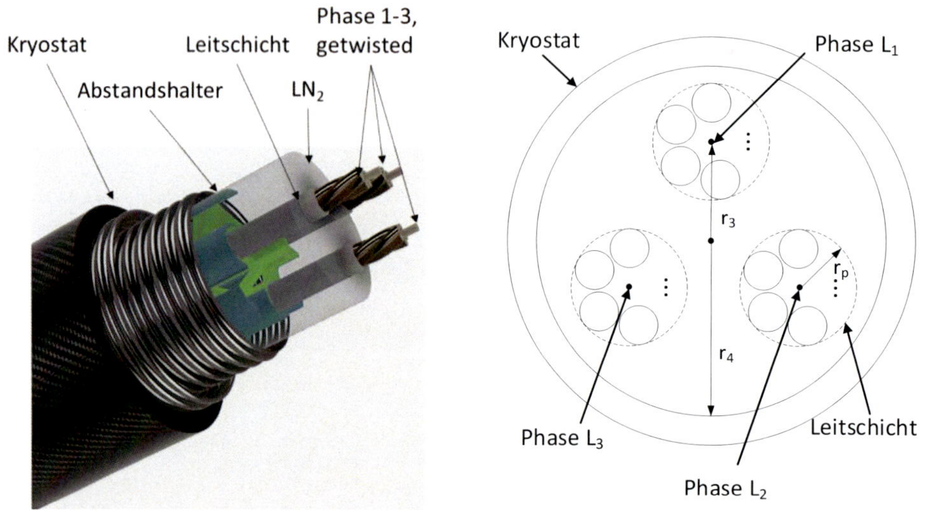

(a) 3D Darstellung (b) Querschnitt

Abbildung 5.29: Dreiphasiges Leiterkonzept mit Bemaßung.

Die elektrische Feldstärke ist maßgeblich von der Positionierung der Phasenleiter und somit vom Radius r_3 abhängig (Abbildung 5.30).

Ein zu klein gewählter Radius erhöht die Feldstärke zwischen den Phasenleitern, bei einem zu groß gewählten r_3 steigt die Feldstärke zwischen den Phasen und der auf Erdpotential liegenden inneren Kryostatwand mit dem Innenradius r_4. Die geringste Feldstärke wird daher für $r_3 = \frac{r_4}{2}$ erreicht.

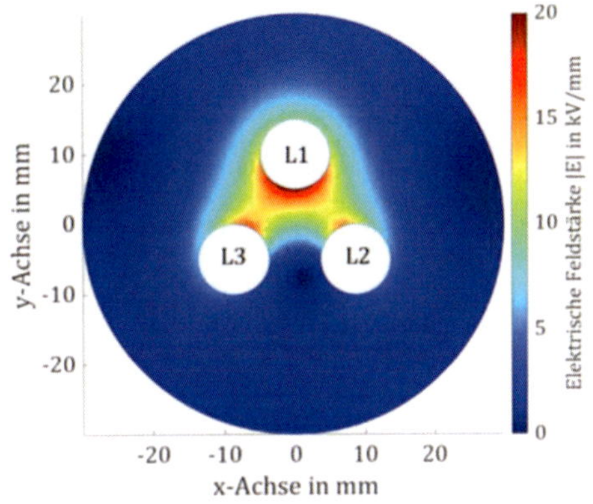

(a) Radius r_3 zu klein

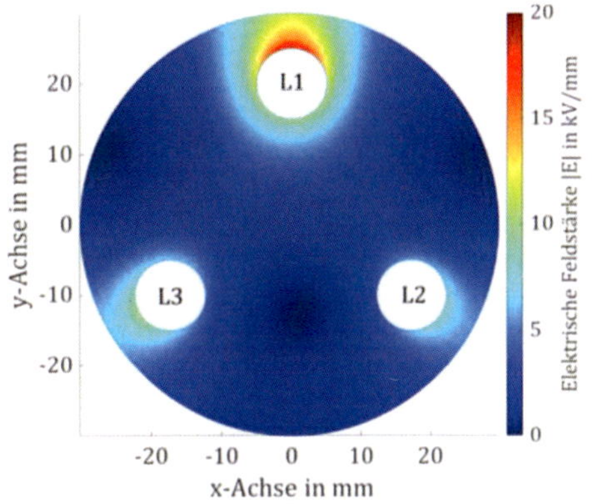

(b) Radius r_3 zu groß

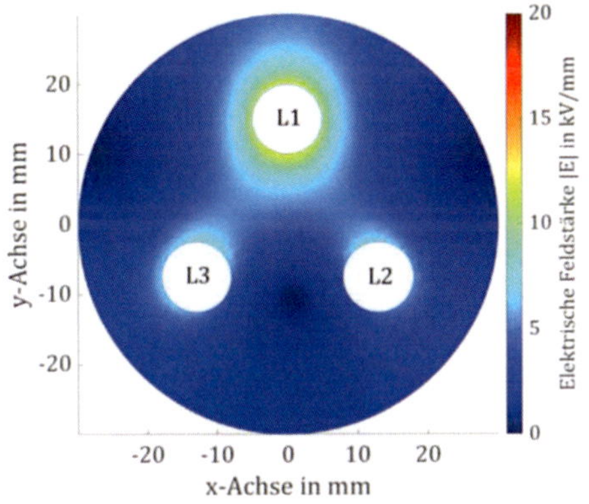

(c) Radius $r_3 = \frac{r_4}{2}$

Abbildung 5.30: Elektrische Feldstärke $|E|$ einer dreiphasigen Leiteranordnung zum Zeitpunkt $t = \frac{\pi}{2}$ ($U_{L1} = U_0$ und $U_{L2} = U_{L3} = -U_0/2$).

Der Kryostat besteht aus einem inneren und äußeren spiralförmig gewellten Edelstahlrohr mit einer mehrlagigen thermischen Isolationsschicht aus beidseitig aluminiumbedampfter PET-Folie. Für Spiralwellrohre werden in [NORM DIN EN ISO 10380:2013-02] standardisierte Werte vorgegeben.

In [NORM DIN VDE 0276-621:1997-05] wird für ein Mittelspannungskabel mit den Nennspannungen U_0/ U (U_m) = 12/ 20 (24) kV eine dreiphasige Prüfung mit U_0 = 50 kV (Effektivwert) bei Nennfrequenz vorgeschlagen. Dabei entspricht U_0 dem Effektivwert der Leiter-Erde Spannung, U dem Effektivwert der Leiter-Leiter Spannung und U_m dem höchsten Effektivwert des Systems, für die die Betriebsmittel verwendet werden dürfen. In der folgenden dreiphasigen Auslegung wird daher die Prüfspannung U_0 = 50 kV verwendet. Für die vorgegebene dreiphasige Spannung gilt somit

$$\begin{aligned} \mathrm{U_{L1E}} &= \sqrt{2}\, U_0 \sin(\omega t + 0°) \\ \mathrm{U_{L2E}} &= \sqrt{2}\, U_0 \sin(\omega t + 120°) \\ \mathrm{U_{L3E}} &= \sqrt{2}\, U_0 \sin(\omega t + 240°) \end{aligned} \tag{5.10}$$

wobei die Frequenz mit f = 50 Hz angenommen wird. Die elektrische Feldstärke für das dreiphasige System wird mit dem Radius r_p des Phasenleiters aus Tabelle 5.10 berechnet.

Tabelle 5.10: Geometriedaten für die Stack-, CroCo- und CorC-Anordnung eines dreiphasigen Kabels.

	Symbol	Stack	CroCo	CorC	Einheit
Bandleiter pro Einzelleiter-anordnung	N	20	N_1 = 14	6	-
Temperatur	T_k	77 / 72 / 25	N_2 = 6	77 / 72 / 25	K
Parallele Einzelleiter-anordnungen	n_B	28 / 24 / 11	77 / 72 / 25	18 / 13 / 6	-
Radius	r_2	30 / 30 / 20	30 / 28 / 12	20 / 10 / 10	mm
Radius	r_p	34,2 / 34,2 / 24,2	40 / 40 / 20	22,5 / 12,5 / 12,5	mm

Für den Radius r_4 beziehungsweise dem entsprechenden Durchmesser des inneren Kryostatwellrohrs werden die standardisierten Werte DN100, DN125, DN150, DN200 und DN250 für Spiralwellrohre angenommen. Die maximal auftretende Feldstärke E_{max} muss unterhalb der Durchschlagfestigkeit des Isolationsmaterials liegen, um einen Durchschlag zu vermeiden. Die Durchschlagfestigkeit von LN_2 beträgt $E_{d,LN_2} \approx 20 \frac{kV}{mm}$ bei Atmosphärendruck und einer Kugel-Platten Anordnung [FRA-21, HAE-16, HUM-18]. Die relative Permittivität ε_r von LN_2 wird mit 1,43 angenommen.

Die resultierende maximale Feldstärken und der benötigte minimale Innendurchmesser eines Kryostaten für das dreiphasige System sind in Tabelle 5.11 aufgelistet. Um einen elektrischen Überschlag im flüssigen Stickstoff zu vermeiden, muss der Innenradius des Kryostaten entsprechend groß gewählt werden. Während für ein dreiphasiges Kabel aus CorC-Anordnungen ein Durchmesser DN100 bis DN125 ausreicht, wird für die Stack- oder CroCo-Anordnungen ein Durchmesser bis zu DN250 benötigt.

Tabelle 5.11: Maximale Feldstärke $|E|_{max}$ und geometrische Parameter eines dreiphasigen Kabels aus Stack-, CroCo- oder CorC-Anordnungen.

		Radius	Max. Feldstärke	Min. Ø-Innen Kryostat
Symbol		r_p	$|E|_{max}$	D_{IK}
Einheit		mm	kV/mm	-
77 K	Stack	34,2	7,3	DN200
	CroCo	43,6	6,3	DN250
	CorC	22,5	14	DN125
72 K	Stack	34,2	7,3	DN200
	CroCo	43,6	6,3	DN250
	CorC	12,5	8,5	DN100
25 K	Stack	24,2	8,2	DN150
	CroCo	23,6	7,7	DN150
	CorC	12,5	8,5	DN100

In Abbildung 5.31 ist die maximale Feldstärke $|E|_{max}$ für ein dreiphasiges Kabel dargestellt, dessen Phasenleiter einen Radius r_p besitzt. Der Radius r_p des Phasenleiters wird von 20 mm bis zu 50 mm variiert. Die innere Kryostatwand des Kryostaten wird mit den normierten Durchmessern DN125, DN150, DN200, DN250 oder DN300 angenommen. Bei kleineren Durchmessern ist es technisch nicht mehr möglich, die drei Phasen innerhalb des Kryostaten anzuordnen.

Die dargestellten Markierungen in Abbildung 5.31 entsprechen den betrachteten dreiphasigen Systemen aus Tabelle 5.10.

Die elektrische Durchschlagsfestigkeit des dreiphasigen Systems definiert den minimalen Innendurchmesser des Kryostaten. Werden die drei Phasenleiter allerdings mit einem geringen Abstand zueinander angeordnet, muss bei der Verlustbetrachtung des Gesamtsystems das Magnetfeld der benachbarten Phasenleiter berücksichtigt werden.

Bei einer Mehrleiteranordnung ist zudem eine gleichmäßige magnetische Belastung aller Teilleiter wichtig, um inhomogene Stromaufteilungen zu vermeiden. Angesichts dessen wird jede Phase um ihre vertikale Achse verdreht. Somit stellt man sicher, dass alle Teilleiter, im Laufe einer vollständigen Umdrehung, die gleiche magnetische Belastung durch benachbarte Phasen erhalten. Innerhalb eines Phasenleiters kann somit eine gleichmäßige Aufteilung des Stroms auf die Teilleiter angenommen werden.

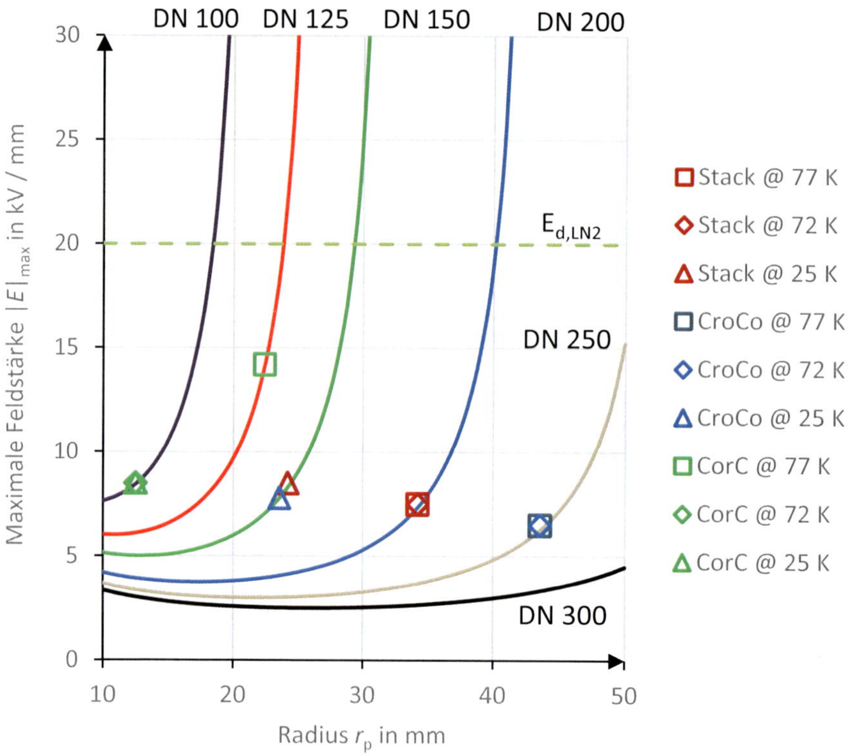

Abbildung 5.31: Maximale Feldstärke $|E|_{max}$ eines dreiphasigen Kabels bestehend aus Stack-, CroCo- oder CorC-Anordnungen mit dem Radius r_p.

In Abbildung 5.32 ist die Verlustleistung über den Strom I_{rms} für ein einphasiges System sowie ein äquivalentes dreiphasiges System dargestellt. Als Phasenleiter wird eine Mehrleiteranordnung aus 18 CorCs mit jeweils sechs Bändern und einem Radius $r_p = 22{,}5$ mm simuliert. Bei einer Betriebstemperatur $T_k = 77$ K entspricht das dem in Tabelle 5.9 berechneten Wert für eine einphasige CorC-Anordnung. Das dreiphasige

System ist in einem Kryostaten mit dem Innendurchmesser DN125 angeordnet. Der minimale Abstand zwischen den Phasen beträgt somit ca. 9 mm.

Die Verlustleistung des dreiphasigen Systems ist höher als die dreifache Verlustleistung des einphasigen Systems. Die magnetische Beeinflussung der Phasen untereinander spielt dementsprechend eine Rolle.

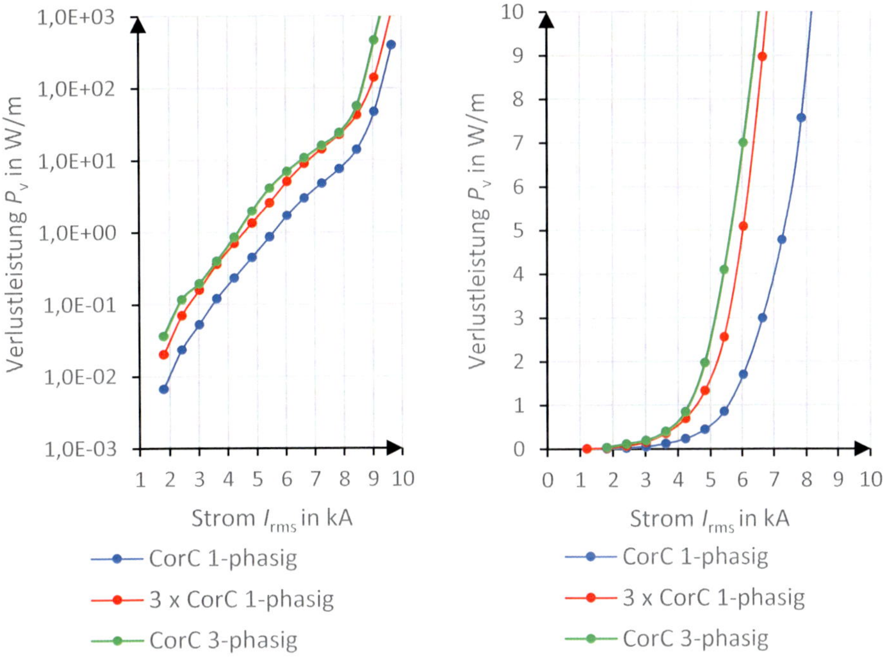

a) Kompletter Verlustleistungsbereich b) Verlustleistungsbereich bis 10 W/m

Abbildung 5.32: Verlustleistung eines einphasigen und dreiphasigen Systems beispielhaft für eine Mehrleiteranordnung mit 18 CorCs und jeweils 6 Bandleitern bei T_k = 77 K.

In Tabelle 5.12 ist die Verlustleistung des einphasigen Systems sowie des dreiphasigen Systems mit den Geometriedaten aus Tabelle 5.10 dargestellt, für einen Nennstrom I_r = 5 kA sowie den Betriebstemperaturen T_k = 77 K, 72 K und 25 K.

Bei einer Stack oder CroCo-Anordnung ist die magnetische Beeinflussung bei einem dreiphasigen System generell höher als bei einer CorC-Anordnung. Die Ausrichtung der Bänder zum Magnetfeld ist ungünstig, da die Bandleiter einem größeren senkrechten Magnetfeld ausgesetzt sind. Bei einer größeren Anzahl an parallelen Anordnungen tritt der Effekt verstärkt auf.

Durch die Wicklung der Bandleiter bei einer CorC-Anordnung ist die Beeinflussung durch ein senkrechtes Feld dagegen weniger stark ausgeprägt und die Verluste einer dreiphasigen Anordnung fallen im Vergleich geringer aus.

Tabelle 5.12: Verlustleistung des einphasigen und dreiphasigen Systems, mit den Geometriedaten aus Tabelle 5.10, für einen Nennstrom I_r = 5 kA und Temperaturen T_k = 77 K, 72 K und 25 K.

		Verlustleistung einphasiges System	Dreifache Verlustleistung einphasiges System	Verlustleistung dreiphasiges System
Einheit		W/m	W/m	W/m
77 K	Stack	1,35	4,05	13,57
	CroCo	1,75	5,25	16,25
	CorC	0,52	1,56	3,20
72 K	Stack	1,01	3,03	8,45
	CroCo	0,95	2,85	7,50
	CorC	0,57	1,72	3,90
25 K	Stack	0,86	2,59	3,90
	CroCo	0,95	2,85	4,53
	CorC	0,59	1,78	1,85

5.4 Vergleich der Leitersysteme

Für ein Mittelspannungskabel mit den in Tabelle 5.1 aufgelisteten elektrischen Parametern wurden Einzelleiter- und Mehrleiterkonzepte mit Stack-, CroCo- und CorC-Anordnungen untersucht und die notwendige Anzahl an parallelen Leiteranordnungen berechnet, um bei einem Nennstrom I_r = 5 kA Verluste $P_{v,ph}$ kleiner 1 $^{W}/_{m}$ pro Phasenleiter zu generieren. Dabei wurden jeweils unterschiedliche Varianten der drei Anordnungs-Konzepte, bezüglich Bandbreite und Anzahl an Bandleitern, untersucht und miteinander verglichen (siehe Abbildung 5.21 für Einzelleiteranordnungen und Tabelle 5.7, Tabelle 5.8 sowie Tabelle 5.9 für das einphasige System). Es hat sich gezeigt, dass eine geringe Anzahl an Bandleitern pro Einzelleiter und dafür eine erhöhte Anzahl paralleler Leiter für das Mehrleiterkonzept die bessere Alternative darstellt, da die Gesamtanzahl an Bandleitern geringer ausfällt.

Die daraus resultierende optimale Variante für Stack-, CroCo- und CorC-Anordnungen als Mehrleiterkonzept wurde genutzt, um die geometrischen Größen für eine dreiphasige Anordnung zu ermitteln, wobei das Kühlmedium LN_2 ebenfalls das Isolationsmedium zwischen den Phasen darstellt (siehe Abbildung 5.31).

Für einen Vergleich eines dreiphasigen Kabels aus Stack-, CroCo- und CorC-Anordnungen werden im Folgenden die wichtigsten Parameter eines dreiphasigen Mittelspannungskabels bei einer Betriebstemperatur T_k = 77 K zusammengefasst (siehe Tabelle 5.13). Bei der CorC-Anordnung wird, für die Ermittlung der benötigten Bandleiterlänge eines einen Meter langen Kabels, der Wicklungswinkel von 45° berücksichtigt.

Ein dreiphasiges Kabel mit Stack- oder CroCo-Anordnungen unterscheidet sich nur geringfügig. Für die CroCo-Anordnung werden mehr parallele Leiter benötigt und daher ist ein größerer Kryostat notwendig. Das bedeutet Mehrkosten für den Kryostaten sowie einen größeren Wärmeeintrag über die Kryostatwand. Gleichwohl wird eine geringfügig kleinere Menge an supraleitendem Material benötigt.

Stattdessen bringt der Einsatz von CorC-Anordnungen ein großes Einsparpotential mit sich. Es werden deutlich weniger parallele Leiter benötigt, dadurch wird die Menge des supraleitenden Materials reduziert und die dreiphasige Anordnung kann in einem kleineren Kryostaten angeordnet werden.

Die aufsummierte Bandleiterlänge eines dreiphasigen Systems mit CorC-Anordnungen beträgt ca. 27 % der aufsummierten Bandleiterlänge einer Stack- bzw. CroCo-Anordnung. Unter Berücksichtigung der unterschiedlichen Bandbreiten benötigt die CorC-Anordnung entsprechend nur 18 % des Bandleitermaterials einer Stack- bzw. CroCo-Anordnung. Der Durchmesser des Kryostaten kann halbiert werden, d. h. die Querschnittsfläche der CorC-Anordnung ist um 75 % reduziert gegenüber einem dreiphasigen Kabel mit CroCo-Anordnungen.

Tabelle 5.13: Vergleich der geometrischen Parameter eines dreiphasigen Systems mit Stack-, CroCo- und CorC-Anordnungen bei I_r = 5 kA und $P_{v,ph} \leq 1$ W/m.

	Symbol	Stack	CroCo	CorC	Einheit
Temperatur T_k = 77 K					
Einzelleiteranordnung					
Bandbreite	b	6	b_1 = 6 b_2 = 4	4	mm
Anzahl Bandleiter	N	20	N_1 = 14 N_2 = 6	6	
Radius	r_1	4,2	3,6	2,5	mm
Einphasige Anordnung					
Radius	r_2	30	40	20	mm
Radius	r_p	34,2	43,6	22,5	mm
Parallele Leiter	n_{Leiter}	28	30	18	
Anzahl Bandleiter	N_P	560	$N_{1,P}$=420 $N_{2,P}$ = 180	108	
Äquivalente Bandbreite	b_{sum}	3360	3240	432	mm
Meter Bandleiter pro Meter Kabel	$L_{Band,1P}$	6 mm: 560	6 mm: 420 4 mm: 180	4 mm: 152,7	m
Verlustleistung	$P_{v,ph}$	1,35	1,75	0,52	W/m
Dreiphasiges Mittelspannungskabel					
Radius	r_4	100	125	62,5	mm
Ø-Innen Kryostat	D_{IK}	DN200	DN250	DN125	
Anzahl paralleler Leiter	$n_{Leiter,g}$	84	90	54	
Anzahl Bandleiter	N_B	1680	$N_{1,P}$ = 1260 $N_{2,P}$ = 540	324	
Äquivalente Bandbreite	$b_{sum,g}$	10080	9720	1296	mm
Meter Bandleiter pro Meter Kabel	$L_{Band,3P}$	6 mm: 1680	6 mm: 1260 4 mm: 540	4 mm: 458,2	m
Verlustleistung	$P_{v,3ph}$	13,57	16,25	3,20	W/m

6 Aufbau und Untersuchung der supraleitenden Prüfleiter

In Kapitel 4 wurde eine Methode entwickelt, um AC-Verluste einer CorC-Anordnung zu berechnen. Mit dieser Methode konnte in Kapitel 5 eine Mehrleiteranordnung für das einphasige System sowie für das dreiphasige System ausgelegt werden, um einen Nennstrom von 5 kA bei vertretbaren Verlusten zu übertragen. Im folgenden Kapitel werden der kritische Strom sowie die Verluste eines CorC- sowie CroCo-Prüfleiters messtechnisch erfasst und mit den Ergebnissen aus der Berechnungsmethode verglichen.

Dafür wurde ein CorC-Prüfleiter von *„Advanced Conductor Technologies LLC“* (ACT) sowie ein CroCo-Prüfleiter vom *„Karlsruher Institute of Technologie“* (KIT) zur Verfügung gestellt, die in Kapitel 6.1 beschrieben sind. In einem ersten Schritt wird ein Versuchsaufbau entwickelt, um den kritischen Strom der Prüfleiter zu ermitteln (siehe Kapitel 6.2). Mit dem bekannten kritischen Strom können die Versuchsparameter für die Verlustmessung definiert werden. Basierend auf der kalorimetrischen Messmethode (siehe Kapitel 2.4.2) ist dafür ein zweiter Prüfaufbau für die Verlustmessung entwickelt worden. Der Aufbau sowie die Messergebnisse der Verlustleistung der Prüfleiter sind in Kapitel 6.3 beschrieben.

6.1 Beschreibung der Prüfleiter

Für den CorC-Prüfleiter wurden 4 mm breite Advanced Pinning (AP) HTS-Bandleiter von SuperPower verwendet. Die Bandleiter haben einen kritischen Strom von I_c (s.f., 77 K) = 153 A, im Eigenfeld (s.f.) und einer Betriebstemperatur T_k = 77 K. Die Substratschicht besteht aus 50 µm Hastelloy und einer ca. 1,5 µm dicken REBCO-Schicht, die mit dem MOCVD-Verfahren aufgebracht wurde. Zudem ist der Supraleiter mit einer 2 µm dicken Silberschicht und einer 5 µm dicken Kupferschicht ummantelt. Für die elektrische Isolierung wird der Leiter mit einer 30 µm dicken Polyesterschicht umwickelt.

Die Magnetfeldabhängigkeit des kritischen Stroms des SuperPower Advanced Pinning 2G HTS Bandleiters wurde am Robinson Research Institute der Victoria University of Wellington ermittelt [WIM-17]. Für die weiteren Berechnungen des kritischen Stroms sowie der Verluste des CorC-Prüfleiters wurde dieser Datensatz hinterlegt und anstelle der Gleichung (2.12) mit Hilfe von Matlab in die Berechnungen integriert. In Abbildung

6.1 ist der Datensatz für einen Magnetfeldwinkel $0 \leq \theta \leq 2\pi$ sowie einem Magnetfeld $0\,T \leq |B| \leq 1\,T$ dargestellt.

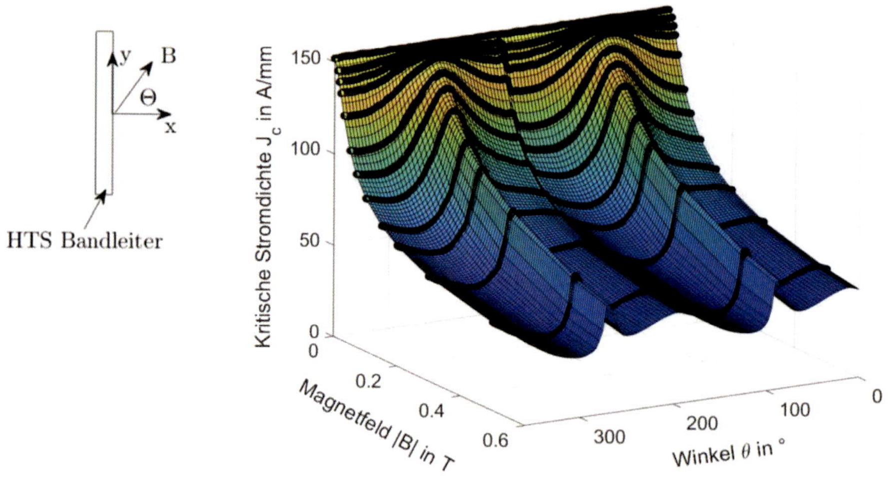

Abbildung 6.1: Kritische Stromdichte J_c des SuperPower Advanced Pinning 2G HTS-Bandleiters, abhängig von Magnetfeld und dessen Ausrichtung [WIM-17].

Der CorC-Prüfleiter besteht aus zwölf Bandleitern, die auf sechs Wicklungslagen mit jeweils zwei Bandleitern aufgeteilt sind. Dabei beträgt der Wicklungswinkel der Bandleiter ± 45°, mit einer alternierenden Wicklungsrichtung von benachbarten Lagen. Die Bandleiter sind auf einem Kupferformer mit einem Durchmesser D_0 = 4 mm aufgewickelt. Der resultierende Gesamtdurchmesser des CorCs beträgt D_{CorC} = 5,1 mm.

An den Kabelenden ist ein niederohmiges und von ACT patentiertes [DAN-17] zylinderförmiges Kupferendstück mit einer Länge von 15 cm angebracht (siehe Abbildung 6.2a). Um einen gleichmäßigen Übergangswiderstand von Kupferendstück auf die Bandleiter zu gewährleisten, werden die einzelnen Wicklungslagen des CorCs stufenförmig an den jeweiligen Enden zurechtgeschnitten. Das zylinderförmige Kupferrohr wird über die zugeschnittenen Supraleiter gezogen, so dass jeder Bandleiter direkten Kontakt zu dem Kupfer hat. Daraufhin wird das Rohr mit Lötzinn aufgefüllt, um Kontaktwiderstände von 10 - 100 nΩ zu erreichen [VAN-19]. Um eine Korrosion des Kupfers zu vermeiden, werden die Kupferendstücke mit einer dünnen Schicht vergoldet.

Die CorC-Leiter werden mit Spannungsabgriffen geliefert. Diese sind in die jeweiligen Kupferendstücke mit eingelötet, entlang des CorC zur Mitte zusammengeführt und miteinander verdrillt, um induktive Einkopplungen zu minimieren. Dadurch, dass die Abgriffe nicht direkt auf dem Kabel aufgelötet sind, wird ein resistiver Anteil des Kupferendstücks sowie des Übergangs auf den CorC gemessen. Dieser beträgt typischerweise zwischen 10 - 100 nΩ.

Das Gegenstück zu den Kupferendstücken des CorC bilden zwei ebenfalls vergoldete Kupferblockhälften mit einer passenden Nut in der Mitte, die miteinander verschraubt werden.

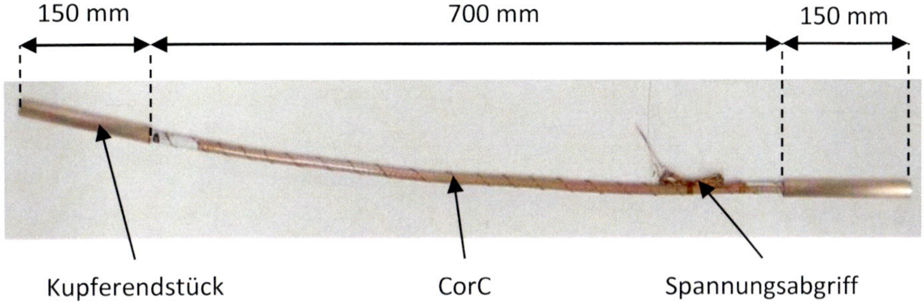

(a) Konfektionierter CorC-Prüfleiter mit Kupferendstücken und Spannungsabgriffen

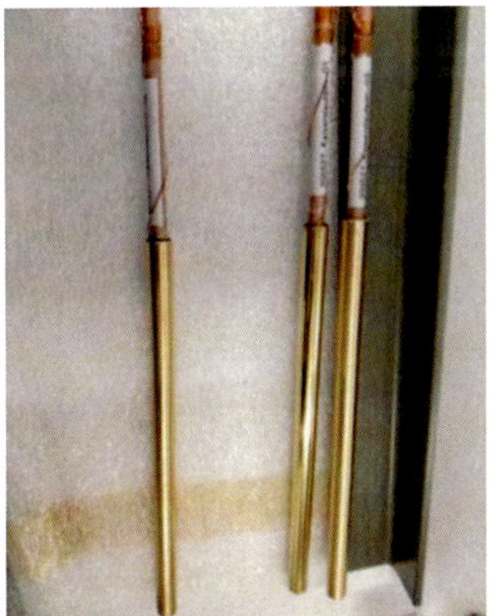

(b) Vergoldete Kupferendstücke

(c) Vergoldete Kupferblockhälfte

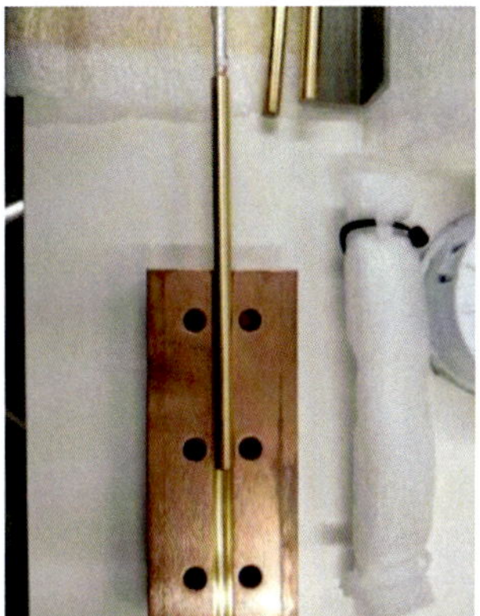

(d) Kupferblockhälfte mit Kupferendstück des CorCs

Abbildung 6.2: CorC-Prüfleiter und entsprechende Kupferblöcke als Verbindungselement zum Stromkreis.

Die entsprechenden Daten des Bandleiters sowie des CorC-Kabels sind in Tabelle 6.1 zusammengefasst. Der zur Verfügung gestellte CroCo-Prüfleiter besteht aus 10 × 4 mm und 22 × 6 mm Bandleitern von Shanghai Superconductors Ltd. Bei Eigenfeld und einer Temperatur T_k = 77 K beträgt der kritische Strom der 4 mm breiten Bandleiter 130 A und der 6 mm breiten Bandleiter 210 A. Die Hastelloy-Schicht hat eine Dicke von 50 µm und die supraleitende Schicht zwischen 1 - 2 µm. Der Supraleiter besteht aus Yttrium-Barium-Kupferoxid.

Tabelle 6.1: Bandleiter- und CorC-Kabel Daten des Prüfleiters.

	Symbol	Wert	Einheit
	Bandleiter		
Bandbreite	b	4	mm
Banddicke	d	0,065	mm
Dicke Hastelloy	d_h	0,05	mm
Dicke Kupfer	d_{cu}	0,01	mm
Dicke REBCO-Schicht	d_{REBCO}	1,5	µm
Kritischer Strom	$I_{(c,Band)}$(s.f.,77 K)	38,25	A/mm
n-Wert	n	30	
	CorC-Kabel		
Wicklungslagen	w	6	
Bandleiter pro Lage	N_{Bl}	2	
Wicklungswinkel	θ	±45	°
Durchmesser Former	D_0	4	mm
Durchmesser CorC	D_{CorC}	5,1	mm
Betriebstemperatur	T_k	77	K
Dicke Polyesterschicht	d_p	0,03	mm

Die inneren Bandleiter (6 mm) werden paarweise mit einem zusätzlichen Kupferband zwischen den Bandleiterpaaren aneinander gelegt. Die Kupferstabilisierung dient zur thermischen Stabilisierung des CroCo-Prüfleiters im Fall einer Überlastung sowie als niederohmiger Übergang zwischen den Bandleitern und der Stromzuführung. Der Gesamtdurchmesser des Prüfleiters beträgt somit 7,5 mm.

An den Enden des Prüfleiters ist ein konischer Kupferanschluss mit Anschlussmöglichkeiten für den normalleitenden Stromkreis angebracht. In Abbildung 6.3 ist der CroCo-Prüfleiter mit den Kupferanschlüssen dargestellt. Die Daten des supraleitenden Bandleiters mit den Parametern zur Beschreibung der Magnetfeldabhängigkeit nach Gleichung (2.12) sowie des CroCo-Prüfleiters sind in Tabelle 6.2 zusammengefasst.

Tabelle 6.2: Bandleiter- und CroCo-Kabel Daten des Prüfleiters.

	Symbol	Wert	Einheit
	Bandleiter		
Bandbreite	b_1	4	mm
	b_2	6	mm
Banddicke	d	0,075	mm
Dicke Hastelloy	d_h	0,05	mm
Dicke Kupfer	d_{cu}	0,01	mm
Dicke REBCO-Schicht	d_{REBCO}	1-2	µm
Kritischer Strom	$I_{c1,Band}$(s.f., 77 K, 4 mm)	32,5	A/mm
	$I_{c2,Band}$(s.f., 77 K, 6 mm)	35	A/mm
n-Wert	n	30	
Parameter $J_c(B_\parallel, B_\perp)$	J_{c0}	$\frac{I_{c,Band}}{d_{REBCO}}$	A/m²
	k	0,35	
	B_c	0,1	
	e	0,95	
	CroCo-Kabel		
Bandleiter	N_1(4 mm)	10	
	N_2(6 mm)	22	
Durchmesser	D_{CroCo}	7,5	mm
Betriebstemperatur	T_k	77	K

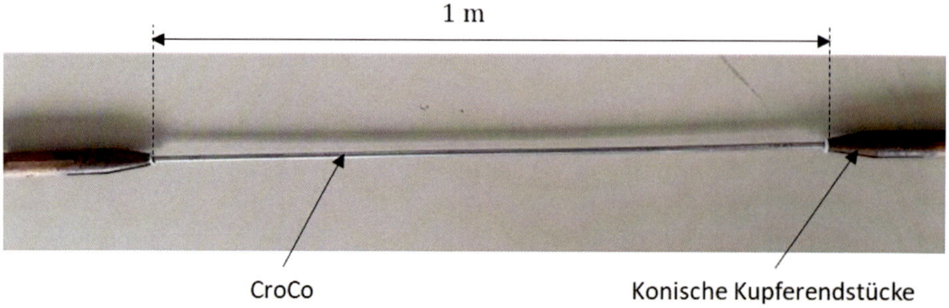

Abbildung 6.3: CroCo-Prüfleiter mit konischen Kupferendstücken als Verbindungselement zum Stromkreis.

6.2 Messung des kritischen Stroms

Wird der kritische Strom mit der in Kapitel 5.1 vorgestellten FEM berechnet, ergibt sich für den CorC-Prüfleiter ein Wert von $I_{c,calc}$ = 1557 A. Die Reduktion R gegenüber dem aufsummierten kritischen Strom der Einzelleiter, $I_{c,opt}$ = 12·153 A =1836 A, beträgt dementsprechend ca. 15 %.

In Abbildung 6.4 sind das berechnete magnetische Feld bei Belastung des Prüfleiters mit dem kritischen Strom sowie die berechneten kritischen Stromdichten der einzelnen Bandleiter dargestellt. Die innere Wicklungslage hat auf Grund der geringeren Magnetfeldbelastung den höchsten kritischen Stromwert, während die äußere Lage mit der höchsten Magnetfeldbelastung nur noch knapp über die Hälfte des ursprünglichen kritischen Stroms tragen kann.

Der berechnete kritische Strom des CroCo-Prüfleiters beträgt $I_{c,calc}$ = 3582 A, die Reduktion R des CroCo gegenüber den aufsummierten kritischen Strömen der Einzelleiter mit $I_{c,opt}$ = 10·130 A+22·210 A = 5920 A liegt somit bei ca. 40 %.

Die berechnete Magnetfeldbelastung des CroCo sowie der resultierende kritische Strom der Bandleiter im CroCo sind in Abbildung 6.5 dargestellt. Die außen liegenden Bandleiter werden durch das größte magnetische Feld beeinflusst und erfahren daher auch die größte Reduktion des kritischen Stroms, während die innen liegenden Bandleiter einen wesentlich höheren kritischen Stromwert aufweisen.

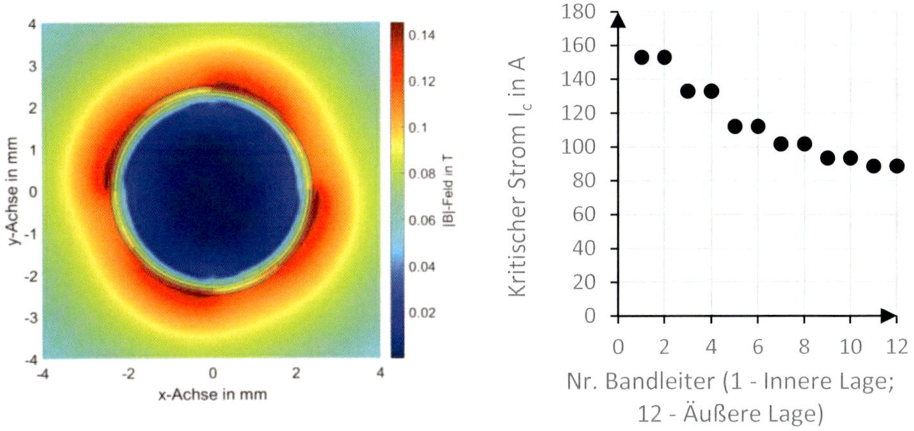

(a) Betrag der magnetischen Flussdichte B des CorC-Prüfleiter bei Belastung mit I_c

(b) Kritischer Strom I_c der Bandleiter

Abbildung 6.4: Ergebnisse der Berechnung des kritischen Stroms der Bandleiter des CorC-Prüfleiters.

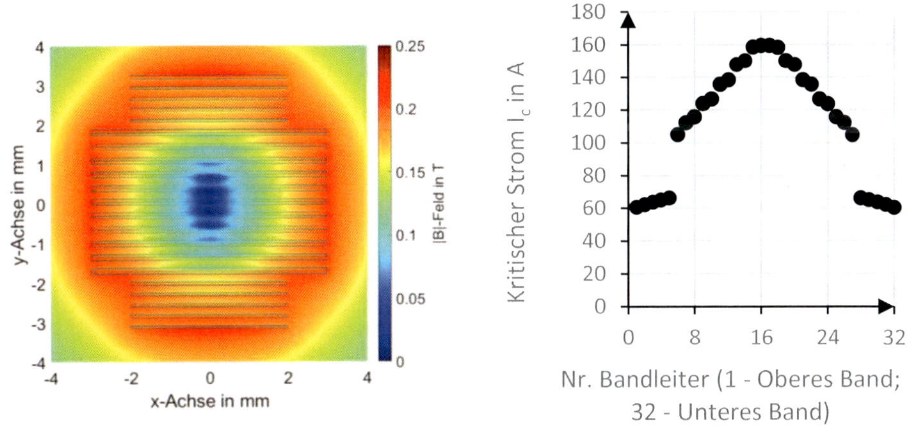

(a) Betrag der magnetischen Flussdichte B des CroCo-Prüfleiters bei Belastung mit I_c

(b) Kritischer Strom I_c der Bandleiter

Abbildung 6.5: Ergebnisse der Berechnung des kritischen Stroms der Bandleiter des CroCo-Prüfleiters.

Für die Messung des kritischen Stroms des Prüfleiters wird ein DC-Strom schrittweise um ΔI erhöht und der Spannungsfall $U_\mathrm{Prüfleiter}$ über dem Kabel gemessen. Ist die gemessene Spannung kleiner als der kritische Wert U_c, mit

$$U_\mathrm{c} = E_\mathrm{c} l_\mathrm{Band} \tag{6.1}$$

wird der Strom im nächsten Schritt erhöht. Hierbei entspricht l_Band der Länge der supraleitenden Bänder und $E_\mathrm{c} = 1\ \mu\mathrm{V}/\mathrm{cm}$ der kritischen Feldstärke. Bei einer gewickelten Anordnung wird l_Band berechnet mit

$$l_\mathrm{Band} = \frac{l_\mathrm{Prüfleiter}}{\sin(\theta)} \tag{6.2}$$

Die schrittweise Stromerhöhung ΔI wird verringert, sobald der Spannungsanstieg vom linearen Verlauf in einen exponentiellen Verlauf übergeht, um den Prüfleiter im Falle einer Überschreitung des kritischen Stroms nicht übermäßig zu belasten. Die Messung wird beendet, sobald das Dreifache der kritischen Spannung U_c erreicht ist.

6.2.1 Versuchsaufbau für die Messung des kritischen Stroms

Der Versuchsaufbau für die Messung des kritischen Stroms besteht aus einem Kryostaten, zwei DC-Quellen, einem Nano-Voltmeter sowie dem Prüfleiter.

Die DC-Quelle RP7943A von Keysight stellt in einem Spannungsbereich von 0 – 20 V einen rippelfreien Gleichstrom von 0 - 800 A zur Verfügung. Um den theoretisch erwarteten kritischen Strom $I_\mathrm{c,calc}$ = 1557 A des CorC-Prüfleiters abdecken zu können, werden somit zwei parallel geschaltete Quellen benötigt. Auf Grund fehlender weiterer Quellen zur Erhöhung des Messstroms wurde die Messung des kritischen Stroms des CroCo-Prüfleiters am KIT durchgeführt.

Für die Spannungsmessung wird das Nanovoltmeter 2182A von Keithley genutzt. Mit zwei Spannungseingängen und einem Messbereich von 1 nV bis 120 V ist das Nanovoltmeter geeignet, kleinste Spannungen im Bereich der kritischen Spannung U_c messen zu können.

Der CorC-Prüfleiter ist mit den entsprechenden Kupferblöcken auf einer Montageplatte aus GFK befestigt. An den Kupferblöcken sind jeweils 50 x 10 x 500 mm Kupferschienen als Stromzuführung angebracht. Die Stromquellen werden mit flexiblen Kupferbändern an den Kupferschienen befestigt. Die Anordnung ist in Abbildung 6.6 schematisch dargestellt.

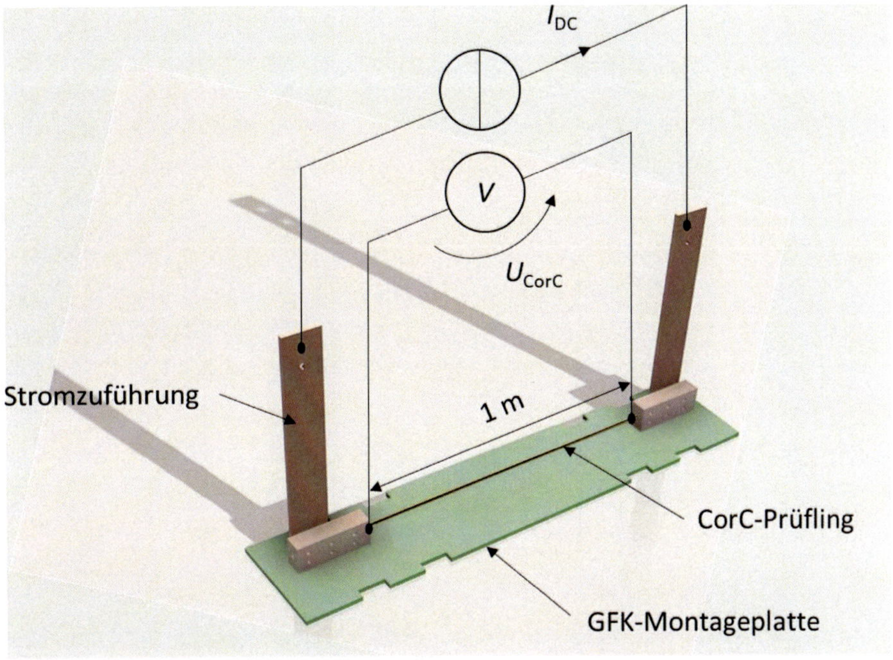

Abbildung 6.6: Schematischer Aufbau der Messung des kritischen Stroms eines CorC-Prüfleiters.

Für die Messungen wurde ein Kryostat mit einer effektiven Länge l_K = 1,6 m sowie eine Breite von b_K = 0,28 m und einer Höhe h_K = 0,36 m gebaut (siehe Abbildung 6.7).

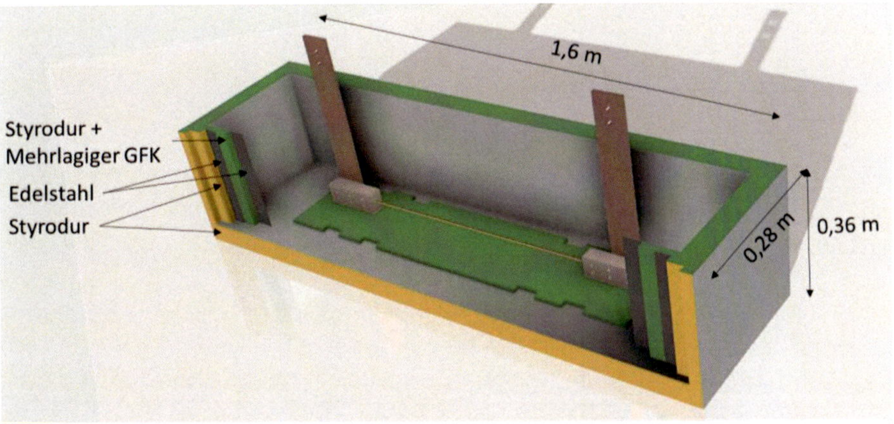

Abbildung 6.7: Schematischer Aufbau des Kryostaten inklusive des Aufbaus der I_c-Messung

Zwei ineinander stehende Edelstahlwannen wurden mehrlagig mit Styrodur (Wandstärke d_{St} = 1,5 cm) isoliert und anschließend mit fünf Lagen GFK ausgekleidet. Die Kombination aus Harz und Styrodur sowie die engmaschigen Glasfasermatten bilden eine robuste Schicht, die mehrfaches Abkühlen auf kryogene Temperaturen aushält. Angebrachte U-Profile aus Stahl verstärken zudem mechanisch die Edelstahlwanne und ermöglichen das Anbringen weiterer Elemente.

6.2.2 Kritischer Strom der Prüfleiter

Die Messstrecke entlang der CorC Prüfleiter beträgt $l_{\text{Prüfleiter}}$ = 1 m. Mit einem Wicklungswinkel von Θ = 45° und einer kritischen Feldstärke $E_c = 1\ {}^{\mu V}/_{cm}$ ergibt sich somit eine kritische Spannung von

$$U_c = E_c l_{\text{Band}} = E_c \frac{l_{\text{Prüfleiter}}}{\sin(\theta)} = 141\ \mu\text{V} \tag{6.3}$$

Der Strom wird bei der Messung schrittweise erhöht, bis das dreifache von U_c erreicht ist. Die Ergebnisse der Spannungsmessung U_{mess} sind in Abbildung 6.8 dargestellt.

Der Spannungsverlauf zeigt in der ersten Hälfte einen resistiven Anteil, der auf die Verlötung der Spannungsabgriffe innerhalb der Kupferendstücke zurückzuführen ist. Dieser resistive Anteil R_{res} wird aus dem linearen Anstieg der Messkurve U_{mess} ermittelt. Mit

$$U_{\text{korr}} = U_{\text{mess}} - I_{\text{nenn}} R_{\text{res}} \tag{6.4}$$

ergibt sich eine korrigierte Spannungskurve zur korrekten Ermittlung des kritischen Stroms I_c bei der kritischen Spannung U_c. In Tabelle 6.3 sind der kritische Strom I_c sowie der gemessene resistive Widerstand R_{res} aufgelistet.

Der ermittelte resistive Widerstand liegt ebenfalls im erwarteten Bereich zwischen 10 nΩ bis 100 nΩ. Aus dem Spannungsverlauf U_{korr} kann bei der kritischen Spannung U_c ein kritischer Strom $I_{c,\text{gem}}$ = 1450 A abgelesen werden. Dieser Wert liegt ca. 7 % unter dem erwarteten berechneten kritischen Strom. Diese Abweichungen lassen sich auf Inhomogenitäten des kritischen Stroms der einzelnen Bandleiter zurückführen. Der typische nichtlineare Spannungsverlauf des Supraleiters ist jedoch deutlich erkennbar.

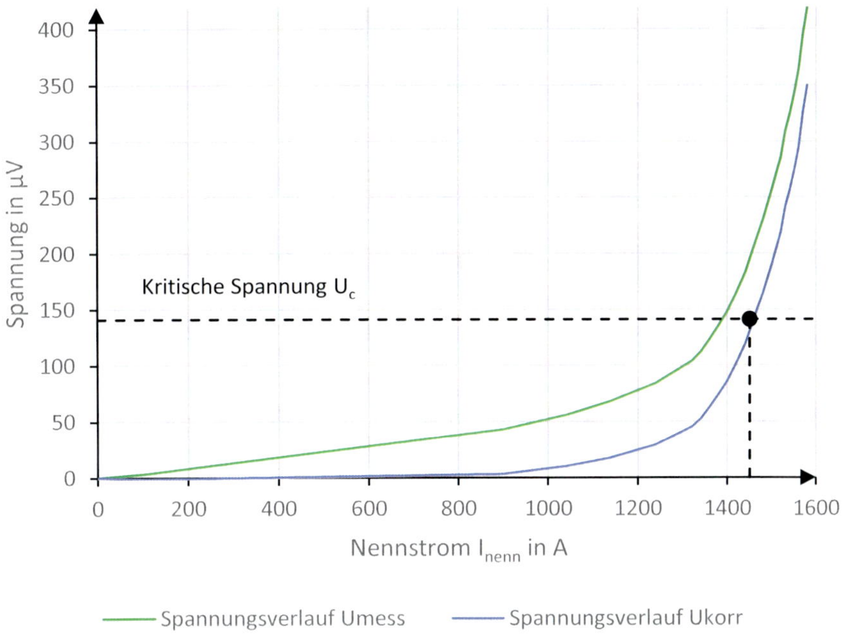

Abbildung 6.8: Messung des Spannungsfalls U_{mess} und daraus resultierend U_{korr} des CorC-Prüfleiters bei Erhöhung des Nennstroms I_{nenn}.

Tabelle 6.3: Gemessener kritischer Strom und resistiver Widerstand des CorC-Prüfleiters.

	Symbol	Wert	Einheit
Idealer kritischer Strom	$I_{c,\,opt}$	1,84	kA
Berechneter kritischer Strom	$I_{c,\,calc}$	1,56	kA
Gemessener kritischer Strom	$I_{c,\,gem}$	1,45	kA
Resisitiver Widerstand Lötkontakt	R_{res}	44,4	nΩ

Am KIT wurde der kritische Strom des CroCo-Prüfleiters messtechnisch ermittelt [DUS-19]. Dieser lag bei $I_{c,gem}$ = 3394 A und somit nur knapp unterhalb des berechneten kritischen Stroms. Diese Abweichung lässt sich auch mit kleinen Abweichungen des kritischen Stroms der einzelnen Bandleiter erklären.

6.3 Messung der Wechselstromverluste

Die Bestimmung der Wechselstromverluste von supraleitenden Prüfleitern ist ein wichtiger Faktor für die Auslegung der benötigten Kühlleistung. Die numerische Berechnung der Verluste gibt dabei oftmals nur ein idealisiertes Bild wieder. Daher ist eine zusätzliche Messung der Verluste sinnvoll. In Kapitel 2.4 wurden zwei Methoden zur messtechnischen Bestimmung von Wechselstromverlusten bei Supraleitern vorgestellt, wovon im Folgenden die kalorimetrische Messmethode eingesetzt wird. Der Vorteil dieser Methode liegt im einfachen Aufbau und einer geringen Störanfälligkeit durch äußere elektromagnetische Größen. Allerdings ist die Genauigkeit im Vergleich zur elektrischen Messmethode gering (siehe Tabelle 2.2), sodass nur Verlustwerte größer 1 W gemessen werden können.

Bei der Verlustmessung von Prüfleitern mit einer Länge kleiner 1 m spielt die Stromeinspeisung eine entscheidende Rolle. Die resistiven Widerstände der Ein- und Auskopplung beeinflussen die Stromaufteilung auf die einzelnen Bandleiter des Prüfleiters. Speziell bei CorC-Prüfleitern können durch den stufenförmigen Zuschnitt der einzelnen Wicklungslagen innerhalb der Kupferendstücke unterschiedliche resistive Widerstände bei der Ein- und Auskopplung des Stroms entstehen. Im idealen Fall teilt sich der Strom gleichmäßig auf die Bandleiter auf, sodass eine homogene Beanspruchung aller Bänder eintritt. Hierbei wäre der resistive Widerstand von der Ein- und Auskopplung zu allen Bandleitern identisch. Im „schlimmsten Fall" ist dagegen der resistive Widerstand vernachlässigbar klein gegenüber dem induktiven Verhalten des Kabels . Der Strom teilt sich dann entsprechend frei auf die Bandleiter auf. Wie schon in Kapitel 5.1.3 beschrieben, würden hierbei die äußeren Bänder des CorC weitaus stärker belastet als die inneren Bänder.

In Abbildung 6.9 ist die berechnete Verlustleistung des CorC-Prüfleiters bei einer Frequenz $f = 50$ Hz dargestellt. In Abbildung 6.9a kann sich der Strom frei aufteilen ($R_{res} = 0$), während in Abbildung 6.9b ein resistiver Widerstand ($R_{res}\uparrow$) für eine gleichmäßige Stromaufteilung auf die Bandleiter sorgt. Ein Anstieg der Verlustleistung ist bei einer freien Stromaufteilung schon im Teillastbereich sichtbar, während bei einer gleichmäßigen Stromaufteilung die Verlustleistung erst in unmittelbarer Umgebung des kritischen Stroms stark ansteigt. Der Bereich ΔI_{rms}, bei dem eine Verlustleistung entsteht, die mit der kalorimetrischen Methode ermittelt werden kann, ist bei einer gleichmäßigen Stromaufteilung entsprechend kleiner.

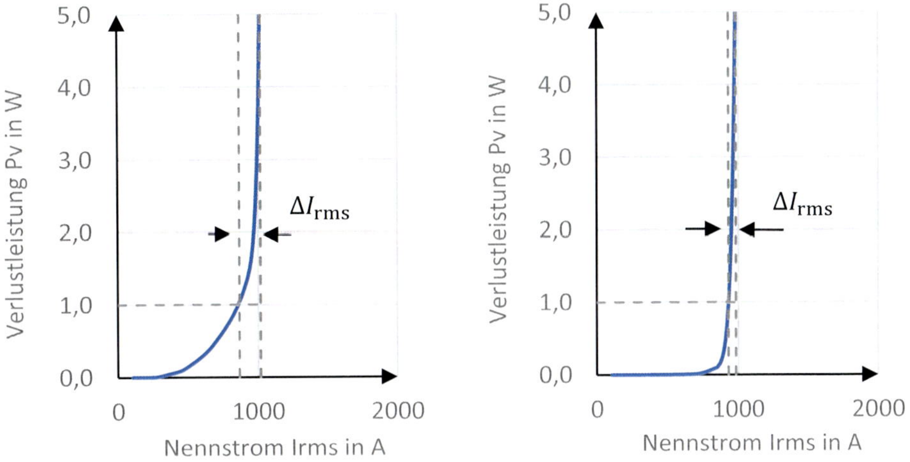

(a) Freie Stromaufteilung auf Bandleiter (b) Gleichmäßige Stromaufteilung auf Bandleiter

Abbildung 6.9: Berechnete Verlustleistung des CorC-Prüfleiters für unterschiedliche Szenarien der Stromaufteilung auf die Bandleiter bei einer Frequenz f = 50 Hz.

6.3.1 Versuchsaufbau der kalorimetrischen Messung

Bei der kalorimetrischen Messung der Wechselstromverluste wird der verdampfende Stickstoff innerhalb einer Messkammer aufgefangen und der Volumenstrom mit Hilfe eines Massendurchfluss-Messgeräts ermittelt. Der Deckel der Messkammer muss konisch zulaufen und einen Ausgang für den gasförmigen Stickstoff an der höchsten Stelle aufweisen. Somit wird sichergestellt, dass alle Stickstoffblasen aus der Messkammer geführt werden und sich keine Gasblasen in den Ecken bilden.

Die in dieser Arbeit verwendete Messkammer besteht aus Polyamid12 (PA12 bzw. PA2200) mit Glaskugelfüllung. Dieser Werkstoff zeichnet sich durch eine hohe thermische und mechanische Stabilität aus und kann somit auch bei kryogenen Temperaturen eingesetzt werden. Das Material wird im 3D-Druck bei selektivem Lasersintern eingesetzt und bietet damit fast uneingeschränkte Freiheiten im Design.

Die Messkammer hat die Maße Höhe × Breite × Länge = 250 × 200 × 600 mm, mit einem Flansch am Ausgang als Anschlussmöglichkeit für einen PTFE-Schlauch. Auf die Öffnungen an beiden Enden der Messkammer werden Endkappen mit PTFE-Dichtringen geschraubt.

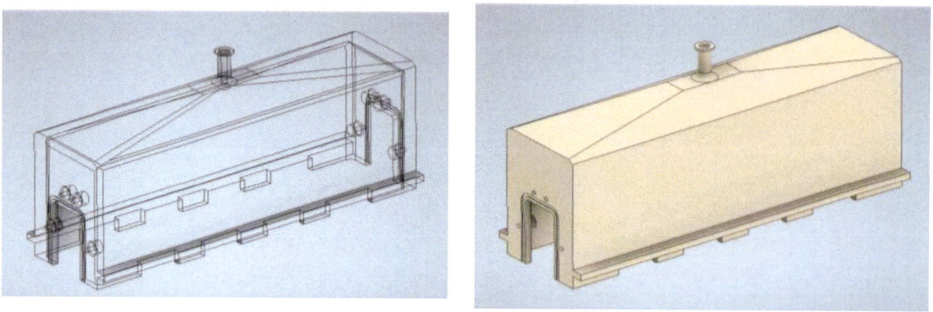

(a) Innenansicht Messkammer (b) Außenansicht Messkammer

Abbildung 6.10: Modell der Messkammer für den 3D-Druck mit PA2200 und den Maßen Höhe × Breite × Länge = 250 × 200 × 600 mm.

Der Volumenstrom des gasförmigen Stickstoffs wird mit einem „red-y smart series"-Sensor von Vögtlin Instruments gemessen [VÖG-12]. Der Sensor ermittelt das Gasvolumen mit dem thermischen Messprinzip. Dabei wird der Wärmestrom durch das vorbeiströmende Gas gemessen. Das Massendurchfluss-Messgerät sorgt mit einer konstanten Heizleistung für eine durchflussabhängige Temperaturdifferenz ΔT. Dafür sind vor und nach der Heizung Temperaturfühler (T_1 und T_2) angebracht (siehe Abbildung 6.11a). Besteht kein Durchfluss, breitet sich die Wärme der Heizung symmetrisch in beide Richtungen aus und die Differenz $\Delta T = T_1\text{-}T_2$ entspricht gleich null. Ist ein Durchfluss vorhanden, wird der Temperaturfühler T_1 durch das vorbeiströmende Gas abgekühlt und der zweite Fühler T_2 durch die von der Heizung abgeführte Wärme erwärmt (siehe Abbildung 6.11b). Die Temperaturdifferenz ist dabei direkt proportional zum Massendurchfluss.

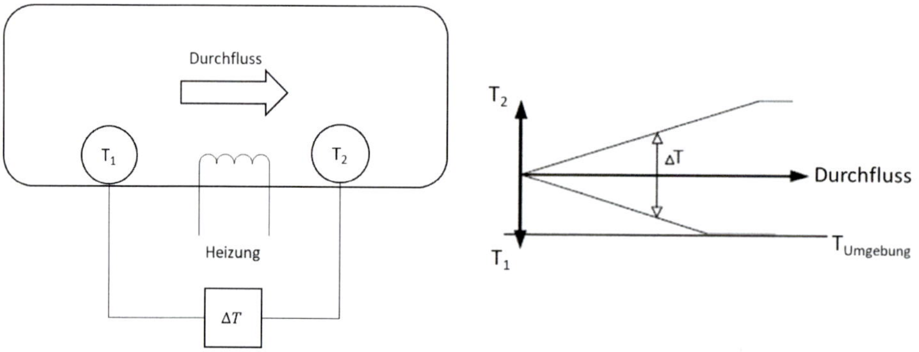

(a) Messprinzip (b) Sensorsignale

Abbildung 6.11: Thermisches Messprinzip des Massendurchfluss-Messgeräts „red-y" von Vögtlin Instruments (mod. nach [VÖG-12]).

Der wesentliche Vorteil dieses Messsensors ist die weitgehende temperatur- und druckunabhängige Messung. In Tabelle 6.4 sind die wichtigsten technischen Daten aufgelistet.

Für die Strommessung wird ein LEMflex RR3020 verwendet, ein Wechselstromsensor, der nach dem Rogowski-Prinzip arbeitet [LEM-00]. Dieser Sensor kann für Messungen von Wechselströmen bis 3000 A eingesetzt werden und stellt eine zum gemessenen Strom proportionale Spannung bereit. In Tabelle 6.5 sind die wichtigsten technischen Daten aufgelistet.

Die benötigten hohen AC-Ströme werden mit Hilfe eines Hochstromtransformators in Kombination mit einem Stelltransformator erzeugt. Der dreiphasige Ringstelltransformator ist mit einer Sparwicklung ausgeführt und lässt sich mittels Handantriebs durch einen Drehknopf mit Skala auf eine Ausgangsspannung zwischen 0 - 400 V einstellen. In Reihe dazu ist ein dreiphasiger Hochstromtransformator mit galvanisch getrennter Wicklung geschaltet. Die notwendigen technischen Daten für den dreiphasigen Ringstelltransformator sind in Tabelle 6.6 und für den dreiphasigen Hochstromtransformator in Tabelle 6.7 aufgelistet.

Tabelle 6.4: Technische Daten des „red-y" Sensors von Vögtlin Instruments.

	Wert	Einheit
Gasart	Stickstoff	
Messbereich	0 - 6	l/min
Genauigkeit	± 1	% vom Endwert

Tabelle 6.5: Technische Daten des LEMflex RR3020.

	Wert	Einheit
Messbereich	30 / 300 / 3000	A
Ausgangsempfindlichkeit	100 / 10 / 1	mV
Genauigkeit	± 1	% des Messbereichs
Frequenzbereich	10 - 20.000	Hz

In Abbildung 6.12 ist der komplette Aufbau der kalorimetrischen Messung schematisch dargestellt. Der flüssige Stickstoff muss die Messkammer vollständig bedecken, um einen möglichst geringen thermischen Einfluss durch die äußere Umgebung zu erhalten. Die Füllstandshöhe wird während des Messvorgangs mit Hilfe eines Schwimmsensors überwacht. Bei einem zu geringen Füllstand wird zwischen den Messintervallen flüssiger Stickstoff nachgefüllt, bis die Messkammer wieder vollständig gefüllt ist.

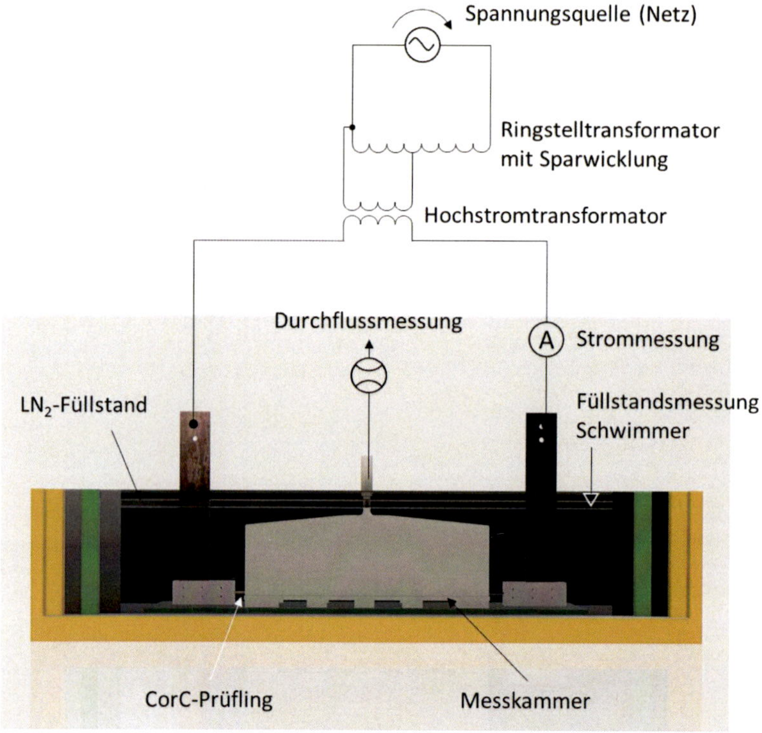

Abbildung 6.12: Schematischer Aufbau der kalorimetrischen Verlustmessung.

Tabelle 6.6: Technische Daten dreiphasiger Ringstelltransformator – mit Sparwicklung.

	Wert	Einheit
Nennleistung	20,6	kVA
Schaltung	YN0	
Nenneingangsspannung	400	V
Nennausgangsspannung	0 - 400	V
Frequenz	50	Hz

Tabelle 6.7: Technische Daten dreiphasiger Hochstromtransformator.

	Wert	Einheit
Nennleistung	17,3	kVA
Schaltung	Dyn5	
Nenneingangsspannung	3 × 400	V
Nenneingangsstrom	26,3	A
Nennausgangsspannung	3 × 5	V
Nennausgangsstrom	2000	A
Frequenz	50	Hz

6.3.2 Kalibrierkurve der kalorimetrischen Messung

Für die kalorimetrische Messung wird eine Kalibrierkurve benötigt, um dem gemessenen Volumenstrom eine Verlustleistung zuzuordnen. Dafür wird mit Hilfe eines definierten Widerstands eine bekannte Verlustleistung in die Messkammer eingebracht und der verdampfende Stickstoff gemessen. Aus der resultierenden Kurve kann eine Regressionsfunktion abgeleitet werden, die bei weiteren Messungen als Zuordnung zwischen dem gemessenen Volumenstrom und der Verlustleistung dient.

Als Widerstand wird ein Kupferstab mit identischem Durchmesser zum CorC-Prüfleiter genutzt. Die Spannung über dem Kupferstab wird mit einem Nanovoltmeter 2182A von Keithley gemessen, als Spannungsquelle dient die DC-Quelle RP7943A von Keysight. In Abbildung 6.13 ist der schematische Messaufbau der kalorimetrischen Messung dargestellt.

Es werden Messzyklen mit ansteigenden Stromwerten gefahren, dabei bringt jeder Zyklus eine definierte Verlustleistung in das System ein. Die Verlustleistung innerhalb der Messkammer wird über den eingestellten Strom sowie der gemessenen Spannung ermittelt. Eine Stromabschaltung nach jedem Messzyklus stellt wieder einen definierten Grundstand für den nächsten Messzyklus her. Somit können Drifteffekte in Form eines Anstiegs des Offsets des Volumenstroms während des kompletten Messvorgangs lokalisiert werden. Das gemessene Offset ergibt sich über einen ständigen Wärmeeintrag durch den Kryostaten in die Messkammer, der nicht komplett verhindert werden kann. Zur Minimierung des Offsets wird die Montageplatte (siehe Abbildung 6.6) mit dem Messaufbau sowie der Messkammer um ca. 1 cm angehoben, damit ein direkter Wärmeeintrag über den Boden des Kryostaten in die Messkammer vermindert wird.

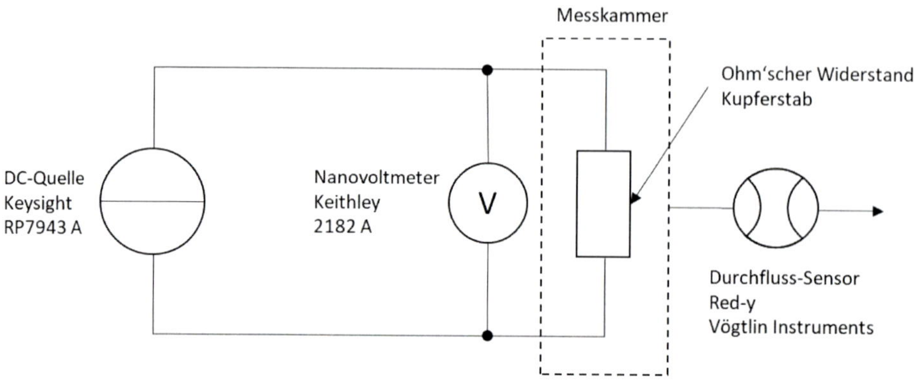

Abbildung 6.13: Schematischer Aufbau der Versuchsanordnung für die Kalibriermessung.

In Abbildung 6.14 sind sechs Messzyklen für Leistungswerte von 1 - 6 W mit entsprechenden Leerlaufzyklen dargestellt.

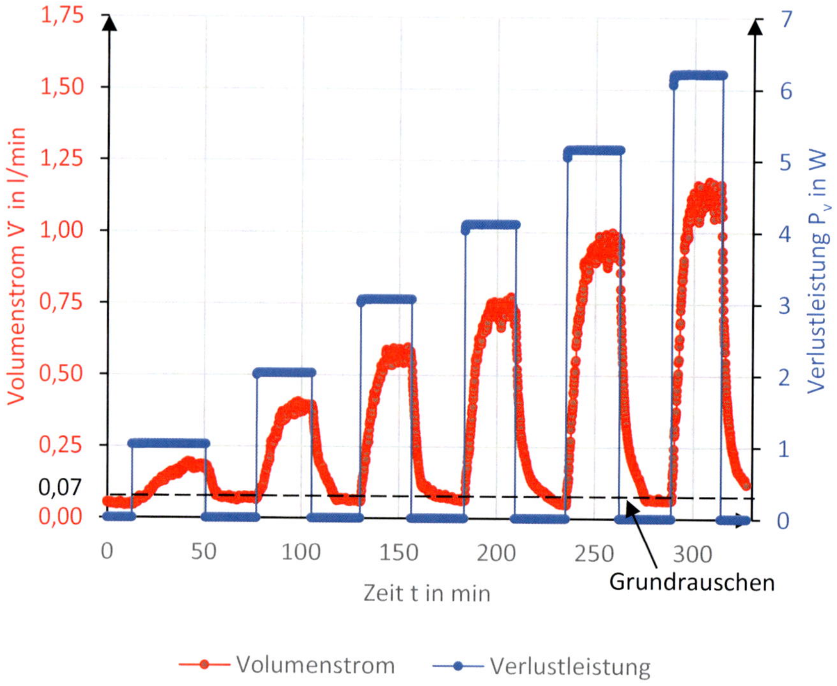

Abbildung 6.14: Messwerte der Referenzkurve: gemessener Volumenstrom bei einer definiert eingebrachten Verlustleistung.

Die rote Kurve zeigt den gemessenen Volumenstrom, während die blaue Kurve die Leistung innerhalb der Messkammer darstellt. Das Grundrauschen beträgt 0,07 $^{l}/_{min}$ und zeigt über den kompletten Messverlauf keinen Drifteffekt. Jeder Messzyklus war nach ca. 30 min. thermisch eingeschwungen.

Der Volumenstrom ist trotz eingeschwungenem thermischen Zustands Schwankungen unterworfen. Eine Auswertung der Messwerte und der damit einhergehenden Messunsicherheit erfordert daher eine detaillierte Analyse. Dafür wird ein Messzyklus in Fünf-Minuten-Intervalle untergliedert und der Volumenstrom gemittelt (siehe Abbildung 6.15a). Anschließend wird die prozentuale Abweichung zum vorangegangenen Intervall berechnet (siehe Abbildung 6.15b).

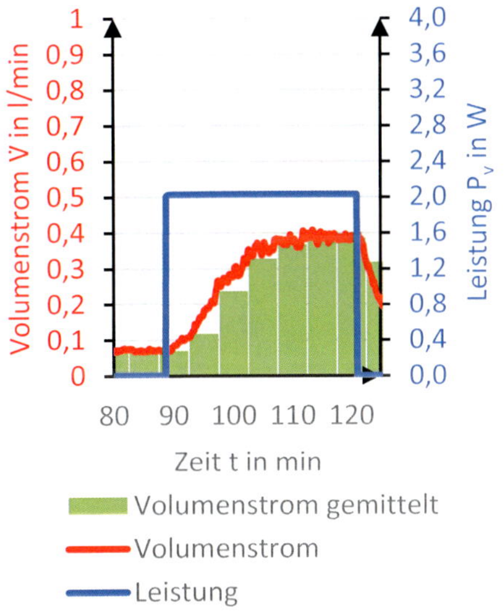

(a) Volumenstrom in 5-Minuten Intervallen gemittelt

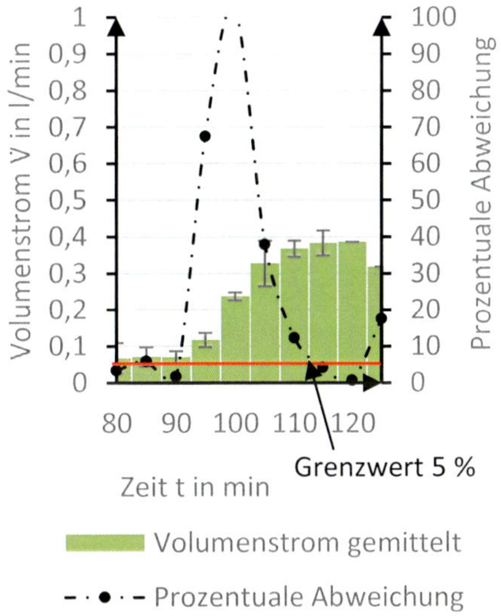

(b) Prozentuale Abweichung zwischen den Intervallen

Abbildung 6.15: Auswertung der Messwerte beispielhaft gezeigt für den Messzyklus bei P_v = 2 W.

Die prozentuale Abweichung sinkt, sobald der Volumenstrom sich einem eingeschwungenen Zustand nähert. Es wird ein Grenzwert festgelegt (≤ 5 %), ab dem der Volumenstrom als eingeschwungen betrachtet werden kann. Nach dem Abzug des Grundrauschens entspricht der Volumenstrom dem verdampfenden Stickstoff, verursacht durch die eingebrachte Verlustleistung.

Für jedes Zeitintervall wird die Standardabweichung der Messwerte ermittelt. Kombiniert mit der Messungenauigkeit des Messgeräts, siehe Tabelle 6.4, ergibt sich eine resultierende Messungenauigkeit der Referenzkurve.

In Abbildung 6.16 sind die gemessenen Volumenströme mit entsprechender Messungenauigkeit, abhängig von der eingebrachten Verlustleistungen, aufgetragen.

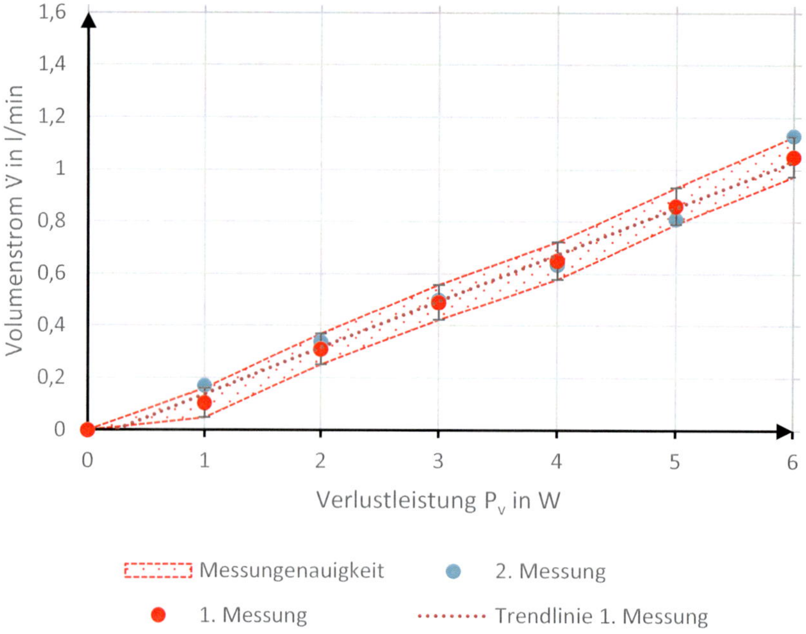

Abbildung 6.16: Referenzkurve der kalorimetrischen Verlustmessung.

Es wurden zwei Messreihen an unterschiedlichen Tagen durchgeführt, um den Einfluss von veränderter Umgebungstemperatur und -druck zu betrachten (siehe Tabelle 6.8). Die Ergebnisse beider Messreihen liegen innerhalb der Messungenauigkeit des Messaufbaus.

Tabelle 6.8: Druck und Temperatur innerhalb des Labors an den Messtagen der Referenzmessung.

Datum	Min/Max. Druck in hPa	Min/Max. Temperatur in °C
25.05.2022	1017/1018	20/21
01.06.2022	1015/1015	20/22

Aus der ersten Messreihe wurde eine Regressionsgerade erstellt, die im weiteren Verlauf als Referenzfunktion für die Verlustmessung genutzt wird.

$$P_v = \frac{\dot{V} + 0{,}041}{0{,}178} \quad \textbf{(6.5)}$$

6.3.3 Wechselstromverluste der Prüfleiter

Für die Messung der Wechselstromverluste der Prüfleiter wird der resistive Widerstand ausgebaut und an dessen Stelle der Prüfleiter eingebaut. Als Quelle dienen die in 6.3.1 beschriebenen Transformatoren. Der Messablauf entspricht dem Ablauf bei der Ermittlung der Referenzkurve. Für ansteigende Belastungsströme wird der jeweilige Volumenstrom, mit entsprechenden Leerlaufzyklen zwischen den Messzyklen, gemessen. Jeder Messzyklus wird beendet, sobald die prozentuale Abweichung der gemittelten Messwerte ≤ 5 % entspricht und somit der Zustand als eingeschwungen angesehen werden kann. Anhand des Volumenstroms kann mit Gleichung (6.5) die entsprechende Verlustleistung ermittelt werden.

Für den CorC-Prüfleiter ist der gemessene Volumenstrom bei vorgegebenen Nennstrom mit der Frequenz $f = 50$ Hz in Abbildung 6.17 dargestellt. Dabei entspricht die blaue Kennlinie dem Effektivwert des Nennstroms und die rote Kennlinie dem dabei entstehenden Volumenstrom.

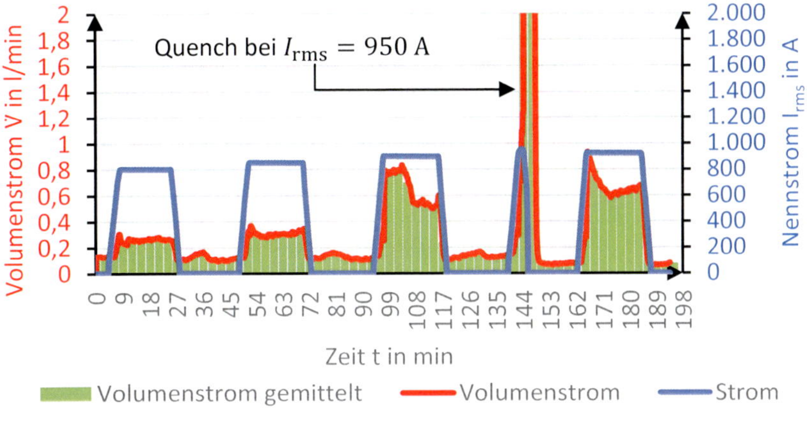

Abbildung 6.17: Messwerte der CorC-Verlustmessung: gemessener Volumenstrom bei vorgegebenen Nennstrom.

Bei I_{rms} = 950 A ging der CorC-Prüfleiter in die Normalleitung über. Die Messung wurde daraufhin unterbrochen und nach einem weiteren Leerlaufzyklus bei I_{rms} = 920 A wiederholt. Dieser Messwert konvergierte gegen einen Endwert, was den Rückschluss zulässt, dass der CorC-Prüfleiter durch den kurzzeitigen Übergang in die Normalleitung keine Beschädigung erlitten hat.

Aus dem Volumenstrom wird mit Gleichung (6.5) die Verlustleistung pro 1 m Leiterlänge für die vier Nennströme I_{rms} = 800 A, 850 A, 900 A sowie 920 A ermittelt. In Für die Berechnung der Verlustleistung wurden die Leiterdaten aus Tabelle 6.1 verwendet. Auf Grund des gemessenen kritischen Stroms (siehe Tabelle 6.3) wurde der kritische Strom des Bands für die Berechnung auf $I_{c,Band}$(s.f., 77 K) = 35 $^{A}/_{mm}$ angepasst.

sind die gemessenen Volumenströme mit entsprechenden Verlustleistungen sowie der Messungenauigkeit aufgelistet. Die Messungenauigkeit umfasst dabei die Standardabweichung der Messwerte sowie die Messungenauigkeit des Volumenstrommessgeräts.

Tabelle 6.9: Gemessener Volumenstrom, resultierende AC-Verlustleistung sowie die Messungenauigkeit des CorC-Prüfleiters für vier Messpunkte.

Nennstrom I_{rms} in A	Volumenstrom $\dot{V}$ in $^{l}/_{min}$	AC-Verluste P_v in $^{W}/_{m}$	Messungenauigkeit in $^{W}/_{m}$
800	0,27	1,64	±0,92
850	0,31	2,07	±0,96
900	0,53	3,98	±1,03
920	0,64	5,01	±1,00

In Abbildung 6.18 sind die vier Messpunkte inklusive der berechneten Verlustleistung (blaue Kurve) für den CorC-Leiter aufgetragen.

Für die Berechnung der Verlustleistung wurden die Leiterdaten aus Tabelle 6.1 verwendet. Auf Grund des gemessenen kritischen Stroms (siehe Tabelle 6.3) wurde der kritische Strom des Bands für die Berechnung auf $I_{c,Band}$(s.f., 77 K) = 35 $^{A}/_{mm}$ angepasst.

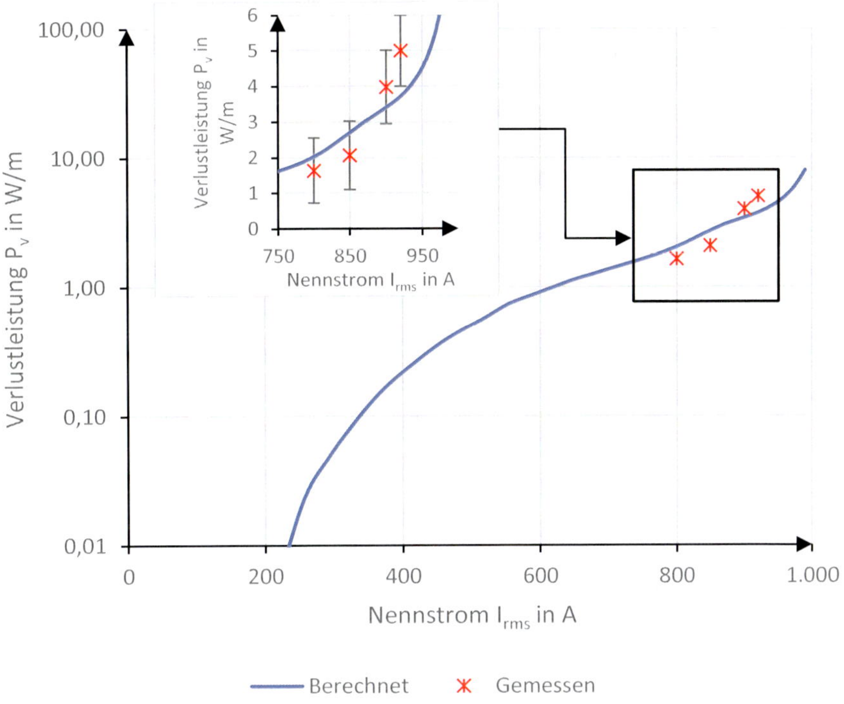

Abbildung 6.18: Gemessene und berechnete Verlustleistung des CorC-Prüfleiters.

Unter Berücksichtigung der Standardabweichung der Messwerte sowie der Messungenauigkeit des Volumenstrommessgeräts entsprechen die Messwerte den erwarteten berechneten Werten. Die Messwerte scheinen allerdings früher anzusteigen als die berechnete Verlustleistungskurve. Das lässt auf einen höheren n-Wert der REBCO-Bänder schließen als ursprünglich angenommen (n = 30, siehe Tabelle 6.1).

Für den CroCo-Prüfleiter ist der gemessene Volumenstrom bei vorgegebenem Nennstrom mit der Frequenz $f = 50$ Hz in Abbildung 6.19 dargestellt. Dabei entspricht die blaue Kennlinie dem Effektivwert des Nennstroms und die rote Kennlinie dem dabei entstehenden Volumenstrom.

In Abbildung 6.20 ist die daraus resultierende Verlustleistung P_v für den CroCo-Prüfleiter abgebildet, wobei die durchgezogene blaue Linie die berechnete Verlustleistung des CroCo's darstellt und die roten Kreuze der gemessenen Verlustleistung entsprechen. Die Verlustleistung wurde dabei auf 1 m Leiterlänge normiert.

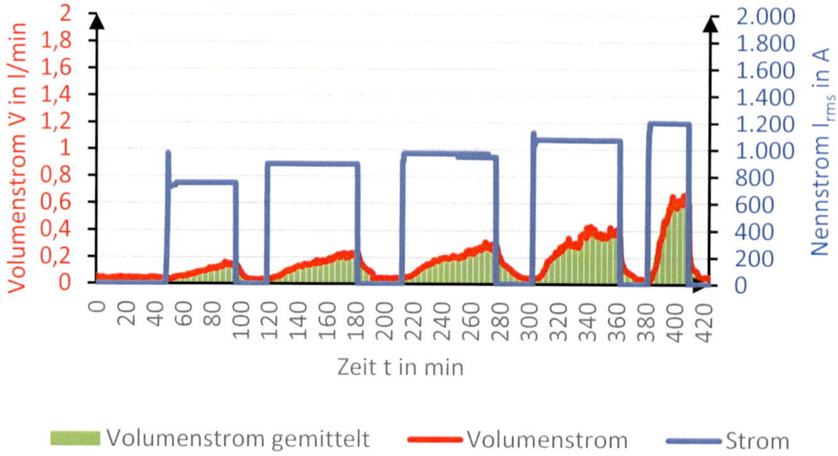

Abbildung 6.19: Messwerte der CroCo-Verlustmessung: gemessener Volumenstrom bei vorgegebenen Nennstrom.

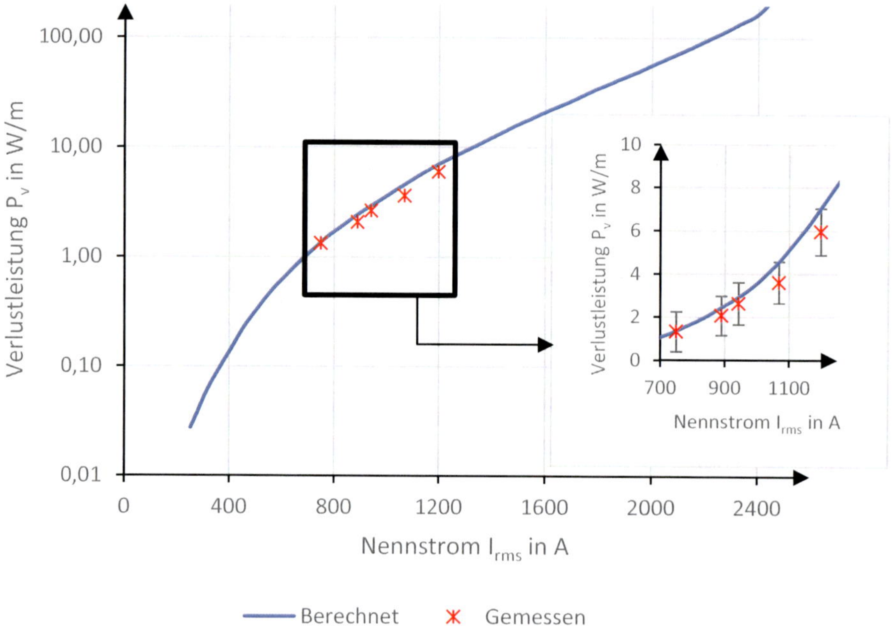

Abbildung 6.20: Gemessene und berechnete Verlustleistung des CroCo-Prüfleiters.

Die gemessenen Werte mit Standardabweichung und Messungenauigkeit des Messgeräts entsprechen weitestgehend den berechneten Werten. Die auftretenden Abweichungen lassen sich auf idealisierte Annahmen bei der Berechnung zurückführen. So sind zum Beispiel keine Inhomogenitäten im supraleitenden Material berücksichtigt. Die gemessenen Volumenströme, die daraus resultierenden Verlustleistungen sowie die Messungenauigkeiten des CorCo-Prüfleiters sind in Tabelle 6.10 aufgelistet.

Tabelle 6.10: Gemessener Volumenstrom, resultierende AC-Verlustleistung sowie die Messungenauigkeit des CroCo-Prüfleiters für fünf Messpunkte.

Nennstrom I_{rms} in A	Volumenstrom $\dot{V}$ in $^{l}/_{min}$	AC-Verluste P_v in $^{W}/_{m}$	Messungenauigkeit in $^{W}/_{m}$
750	0,1	1,32	±0,92
890	0,18	2,07	±0,92
943	0,24	2,63	±0,98
1070	0,34	3,60	±0,96
1200	0,6	5,96	±1,08

7 Zusammenfassung und Ausblick

In dieser Arbeit wurden unterschiedliche HTS-Mehrleiterkonzepte für ein dreiphasiges supraleitendes Mittelspannungskabel mit einer Übertragungsleistung von 173 MVA entwickelt. Für das Kabel wurde eine 3-Leiter Konfiguration gewählt, bei der drei Phasen dreieckförmig innerhalb eines Kryostaten angeordnet sind. Der Nennstrom des Kabels beträgt I_{rms} = 5 kA bei einer Leiter-Leiter Spannung U_{rms} = 20 kV. Die Kühlung erfolgt mit flüssigem Stickstoff, der ebenfalls als flüssiges Dielektrikum zwischen den Phasen eingesetzt wird. Für den Phasenleiter wurde jeweils eine *Stack-*, *Cross-Conductor (CroCo)-* und *Conductor-on-round-Core (CorC)*-Mehrleiteranordnung ausgelegt. Die Anzahl der REBCO-Bandleiter sowie der Querschnitt und die AC-Verluste der Mehrleiteranordnungen wurden für ein einphasiges- und dreiphasiges Kabel berechnet und miteinander verglichen.

Für die Bestimmung der AC-Verluste wurde ein System von gewöhnlichen Differentialgleichungen für *Stack-*, *CroCo-* und *CorC* Mehrleiteranordnungen aufgestellt, das zur Berechnung der Stromdichten und der elektromagnetischen Felder geeignet ist. Die angewendete integrale Berechnungsmethode ermöglicht das Berechnen der Stromdichte- und Feldverteilung einer großen Anzahl an HTS-Bandleitern in zwei- oder dreidimensionaler Form. Die nichtlineare Widerstandscharakteristik des Supraleiters erfordert dafür einen geeigneten Lösungsalgorithmus. In der vorliegenden Arbeit wurde der adaptive Lösungsalgorithmus *ode15s* von Matlab verwendet.

Mit der Bedingung, die Verluste pro Phase bei Nennstrom gering zu halten ($P_{\mathrm{v,ph}} \leq 1\ ^{\mathrm{W}}/_{\mathrm{m}}$), wird in einem iterativen Verfahren die notwendige Anzahl an parallelen Leitern für einen Phasenleiter berechnet. Mit einem zweiten iterativen Verfahren wird daraufhin der optimale Abstand zwischen den Phasenleitern sowie die daraus resultierende Größe des Kryostaten ermittelt.

Dabei hat sich ergeben, dass eine hohe Anzahl paralleler Leiter mit einer geringen Anzahl von Bandleitern pro Leiter eine bessere Ausnutzung der Stromtragfähigkeit ergibt und somit die Verluste reduziert, im Gegensatz zu einer geringen Anzahl paralleler Leiter mit einer hohen Anzahl Bandleitern pro Leiter. Diese Beobachtung trifft bei einer *Stack-* und *CroCo-* sowie einer *CorC*-Anordnung zu. Bei einer gestapelten Anordnung (*Stack* und *CroCo*) ist es zudem vorteilhaft, zwischen den Bandleitern einen Abstandshalter einzuplanen. Dadurch verringert sich die magnetische Belastung durch benachbarte

Bänder und erhöht den kritischen Strom der Anordnung. Bei einer gewickelten Anordnung (*CorC*) ist es dagegen sinnvoll, die Anzahl an Wicklungslagen auf ein Minimum zu reduzieren. Die inneren Lagen tragen nur einen kleinen Teil des Nennstroms und werden somit kaum belastet, während die äußeren Lagen die Hauptlast tragen. Durch diese ungleichmäßige Stromaufteilung entsteht ein Großteil der Verluste auf der äußersten Lage.

Im direkten Vergleich benötigt man für ein dreiphasiges Mittelspannungskabel, bestehend aus parallelen CorC-Leitern, etwa 18 % des supraleitenden Materials gegenüber einem vergleichbaren Kabel mit Stack- oder CroCo-Leitern. Der CorC-Leiter zeigt, auf Grund seiner gewickelten Bandleiter, deutlich reduzierte Verluste auf Grund des Magnetfelds der benachbarten Leiter. Die geringere Anzahl an parallelen CorC-Leitern erlaubt ebenfalls eine Reduzierung der Kryostatgröße um bis zu 75 % gegenüber den beiden anderen Anordnungen.

Der experimentelle Teil dieser Arbeit umfasste die messtechnische Ermittlung des kritischen Stroms und der AC-Verluste eines CorC- sowie eines CroCo-Prüfleiters. Dafür wurde ein Prüfstand zu Ermittlung des kritischen Stroms sowie ein Prüfstand zur Messung der AC-Verluste entwickelt. Beide Prüfstände sind für Prüfleiter bis 1 m Länge konzipiert und können den Prüfleiter mit einem Gleichstrom bis 1.800 A sowie einem Wechselstrom 2.000 A (Effektivwert) belasten.

Für die Messung des kritischen Stroms wurde der Prüfleiter stufenweise mit einem Gleichstrom belastet und der Spannungsfall entlang einer definierten Länge gemessen. Wird ein Grenzwert von $E_c = 1\ {}^{\mu V}/_{cm}$ überschritten, ist der kritische Strom des Prüfleiters erreicht und die Messung bricht ab. Der somit gemessene kritische Strom des CorC-Prüfleiters lag ca. 7 % unterhalb des erwarteten berechneten kritischen Stroms, während der gemessene kritische Strom des CroCo-Prüfleiters ca. 5 % unterhalb des erwarteten berechneten Werts lag. Diese Abweichungen lassen sich durch ideale Leiterannahmen bei der Berechnung erklären. Zum Beispiel wurden in der Berechnung jedem Bandleiter die gleichen Parameter hinterlegt (identische kritische Ströme, identische n-Werte), während in der Realität diese Werte leicht voneinander abweichen können.

Die Verlustmessung erfolgte nach der kalorimetrischen Messmethode, bei der verdampfender Stickstoff durch ein Volumenstrommessgerät erfasst und anhand einer Referenzkurve die Verlustleistung ermittelt wurde. Unter Berücksichtigung der Messungenauigkeit konnte auch bei der Verlustmessung eine gute Übereinstimmung zwischen den berechneten und den gemessenen Werten erreicht werden. Der CroCo-Prüfleiter zeigte schon ab $I_{rms} = 0{,}2\ I_c$ signifikante Verluste, die größer 1 W waren.

Dagegen entstanden bei dem CorC-Prüfleiter erst ab einer Belastung $I_{rms} = 0,55\ I_c$ messbare Verluste größer 1 W.

In dieser Arbeit wurde somit eine integrale Berechnungsmethode erfolgreich genutzt, um AC-Verluste für Mehrleiteranordnungen aus *Stack-*, *CroCo-* und *CorC*-Anordnungen eines dreiphasigen Mittelspannungskabels zu berechnen. Die Ergebnisse konnten anhand von Messwerten für einen CorC- und CroCo-Prüfleiter verifiziert werden. Zudem wurde der erste Schritt einer Auslegung eines dreiphasigen supraleitenden Mittelspannungskabels, bestehend aus diesen Anordnungen, vollzogen sowie die Ergebnisse miteinander verglichen.

Für eine statische Auslegung des dreiphasigen Mittelspannungskabels sind allerdings noch weitere Fragestellungen zu beachten. Neben den AC-Verlusten des Supraleiters spielen die Kryostatverluste eine entscheidende Rolle. Diese betragen oftmals um die 1 bis 2 $\frac{\text{W}}{\text{m}}$ und sind abhängig von der Oberfläche des Kryostaten sowie der thermischen Isolierung.

Zudem bestimmen Druckverlust und Temperaturerhöhung entlang des Kabels die maximale Kabellänge. Das Kühlkonzept bestimmt dabei maßgeblich den Temperaturverlauf entlang der Kabellänge. Somit ist wichtig zu entscheiden, ob die Rückkühlung des flüssigen Stickstoffs an einem oder an beiden Kabelenden geschieht und ob die Rückführung des Kühlmediums innerhalb oder außerhalb des Kabels verlegt wird. Der Druckverlust des Kabels ist dagegen vom Durchmesser und der Art des inneren Kryostaten (Well- oder Glattrohr) sowie der Geometrie des dreiphasigen Kabels abhängig.

Die Geometrie des dreiphasigen Kabels wird durch den Abstandshalter zwischen den Phasen definiert. Dieser muss entsprechend konstruiert sein, dass die benötigte Menge an flüssigem Stickstoff mit geringen Druckverlusten transportiert werden kann. Außerdem dürfen keine Kriechstrecken entstehen, an denen elektrische Überschläge zwischen den Phasen zu befürchten sind. Zudem hat der Abstandshalter die Aufgabe, die auftretenden Lorentzkräfte zwischen den Phasen im stationären sowie dynamischen Betriebsfall abzufangen.

Die Spannungsfestigkeit der Anordnung ist ebenfalls vom Systemdruck sowie der Betriebstemperatur abhängig. Entstehen Blasen im flüssigen Stickstoff, reduziert sich die Spannungsfestigkeit. Durch eine Unterkühlung des flüssigen Stickstoffs sowie einem erhöhten Systemdruck kann die Blasenbildung vermindert werden.

Und letztendlich ist das dynamische Verhalten des Kabels bei einem Kurzschluss ein wichtiges Auslegungskriterium. Um eine mechanische Beschädigung der Supraleiter zu vermeiden, kann neben einer ausreichenden Menge an supraleitendem Material, auch zusätzliches Kupfer eingebracht werden. Alternativ reduzieren Kurschlussstrombegrenzer die Höhe des Kurzschlusses und schützen somit das supraleitende Kabel sowie weitere Komponenten im System.

Literaturverzeichnis

[AGR-12] Agricola, A. et al.: dena-Verteilnetzstudie. Ausbau- und Innovationsbedarf der Stromverteilnetze in Deutschland bis 2030, Berlin, 2012.

[AIN-12] Ainslie, M. D.: Transport AC loss in high temperature superconducting coils, 2012.

[AME-18] Amemiya, N. et al.: Coupling time constants of striated and copper-plated coated conductors and the potential of striation to reduce shielding-current-induced fields in pancake coils. Superconductor Science and Technology 2/31, S. 25007, 2018.

[AMS-22] AMSC: Amperium Stainless Steel Laminated Wire. Type 8612 with Double HTS Layers. Datenblatt, 2022.

[AND-62] ANDERSON, P. W.: Theory of Flux Creep in Hard Superconductors. Physical review letters 7/9, S. 309–311, 1962.

[AND-64] ANDERSON, P. W.; Kim, Y. B.: Hard Superconductivity: Theory of the Motion of Abrikosov Flux Lines. Reviews of Modern Physics 1/36, S. 39–43, 1964.

[ASH-00] Ashworth, S.P.; Suenaga, M.: Experimental determination of the losses produced by the interaction of AC magnetic fields and transport currents in HTS tapes. Physica C: Superconductivity 3/329, S. 149–159, 2000.

[BAN-98] Bannach, D.; Kirchner, M.; Neubert, R.: Retrofitting-new high voltage XLPE cables substituting paper-insulated power cables in steel pipes. IEEE Transactions on Power Delivery 2/13, S. 287–291, 1998.

[BAR-15] Barth, C. et al.: Temperature-and field dependent characterization of a twisted stacked-tape cable. Superconductor Science and Technology 4/28, S. 45015, 2015.

[BEA-62] Bean, C. P.: Magnetization of Hard Superconductors. Physical review letters 6/8, S. 250–253, 1962.

[BEA-64] BEAN, C. P.: Magnetization of High-Field Superconductors. Reviews of Modern Physics 1/36, S. 31–39, 1964.

[BLA-94] Blatter, G. et al.: Vortices in high-temperature superconductors. Reviews of Modern Physics 4/66, S. 1125–1388, 1994.

[BON-17] Bonnard, C.-H. et al.: Multi-scale model of resistive-type superconducting fault current limiters based on 2G HTS coated conductors. IEEE Transactions on Applied Superconductivity 1/30, S. 14005, 2017.

[BRA-93] Brandt; Indenbom: Type-II-superconductor strip with current in a perpendicular magnetic field. Physical review. B, Condensed matter 17/48, S. 12893–12906, 1993.

[BRA-94] Brandt: Thin superconductors in a perpendicular magnetic ac field: General formulation and strip geometry. Physical review. B, Condensed matter 13/49, S. 9024–9040, 1994.

[BRA-96] Brandt: Superconductors of finite thickness in a perpendicular magnetic field: Strips and slabs. Physical review. B, Condensed matter 6/54, S. 4246–4264, 1996.

[BRA-99] Brandt, E. H.: AC Response of Thin Film Superconductors at Various Temperatures and Magnetic Fields, 1999.

[BRE-95] Brenan, K. E.; Campbell, S. L.; Petzold, L. R.: Numerical Solution of Initial-Value Problems in Differential-Algebraic Equations. Society for Industrial and Applied Mathematics, 1995.

[BUC-04] Buckel, W.: Supraleitung. Grundlagen und Anwendungen. Wiley-VCH, Wienheim, 2004.

[BUN-22] Bundesnetzagentur: Bericht zum Zustand und Ausbau der Verteilernetze 2021, 2022.

[CHE-04] Chen, M. et al.: High temperature superconductors for power applications. Journal of the European Ceramic Society 6/24, S. 1815–1822, 2004.

[CHO-05] Choi, Y.-S. et al.: Application of IPTs to HTS Cable Conductor for Uniform Current Distribution Between Their Layers. IEEE Transactions on Applied Superconductivity 2/15, S. 1739–1742, 2005.

[CRY-12] Cryoflex-Nexans: Herstellerkatalog. CRYOFELX-Flüssiggasleitungen, 2012.

[CUR-18] Curci, V.; Nishioka, T.; Grimstad, J.: Replacement of Pipe Type Cables with Cross-Linked Polyethylene (XLPE) Cables by Utilizing the Existing Steel Pipe: 2018 IEEE/PES Transmission and Distribution Conference and Exposition (T&D). IEEE, S. 1–9, 2018 - 2018.

[DAN-17] Daniel Cornelis van der Laan: Superconducting cable connections and methods. Patentschrift. Superconducting cable connector structures include a terminal body (or other structure) onto which the tapes from the superconducting cable extend., 2017.

[DEM-07] Demko, J. A. et al.: Triaxial HTS Cable for the AEP Bixby Project. IEEE Transactions on Applied Superconductivity 2/17, S. 2047–2050, 2007.

[DUC-05] Duckworth, R. C. et al.: Substrate and Stabilization Effects on the Transport AC Losses in YBCO Coated Conductors. IEEE Transactions on Applied Superconductivity 2/15, S. 1583–1586, 2005.

[DUS-19] Dustin Kottonau: Untersuchung der Machbarkeit eines dreiphasigen CroCo- Leitersystems für supraleitende Energiekabel. Masterarbeit, Duisburg, 2019.

[ELS-18] Elschner, S. et al.: 3S–Superconducting DC-Busbar for High Current Applications. IEEE Transactions on Applied Superconductivity 4/28, S. 1–5, 2018.

[FRA-21] Franke, S. et al.: Electric Field Investigations of a Compact Superconducting Three-Phase Single Conductor Cable Assembly. IEEE Transactions on Applied Superconductivity 5/31, S. 1–5, 2021.

[FUJ-22] Fujikura: Introduction of Fujikura RE-based High-Temperature Superconductor. Superconductor Business Development Division Fujikura Ltd, 2022.

[FUK-06] Fukui, S. et al.: Numerical Analysis of AC Loss Characteristics of Cable Conductor Assembled by HTS Tapes in Polygonal Arrangement. IEEE Transactions on Applied Superconductivity 2/16, S. 143–146, 2006.

[GAR-76] Garber, M.; Bussiere, J. F.; Morgan, G. H.: Design of Double Helix Conductors for Superconducting AC Power Transmission. American Institute of Physics, S. 84–87, 1976.

[GER-02] Gerhold, J.: Potential of cryogenic liquids for future power equipment insulation in the medium high voltage range. IEEE Transactions on Dielectrics and Electrical Insulation 6/9, S. 878–890, 2002.

[GRI-14a] Grilli, F. et al.: Computation of Losses in HTS Under the Action of Varying Magnetic Fields and Currents. IEEE Transactions on Applied Superconductivity 1/24, S. 78–110, 2014.

[GRI-14b] Grilli, F. et al.: Self-Consistent Modeling of the Ic of HTS Devices: How Accurate do Models Really Need to Be? IEEE Transactions on Applied Superconductivity 6/24, S. 1–8, 2014.

[GRI-16] Grilli, F.: Numerical modeling of HTS applications. IEEE Transactions on Applied Superconductivity 181, S. 1, 2016.

[GRI-20] Grilli, F.; Rizzo, E.: A numerical model to introduce students to AC loss calculation in superconductors. European Journal of Physics 4/41, S. 45203, 2020.

[GUR-97] Gurevich, A.; Brandt, E. H.: ac response of thin superconductors in the flux-creep regime. Physical review. B, Condensed matter 18/55, S. 12706–12718, 1997.

[HAE-16] Haerst, M.; Bonin, R.; Humpert, C.: Breakdown characteristics of liquid nitrogen in strongly inhomogeneous electric fields. IEEE Transactions on Applied Superconductivity 23, S. 1, 2016.

[HAL-70] Halse, M. R.: AC face field losses in a type II superconductor. Journal of Physics D: Applied Physics 5/3, S. 717–720, 1970.

[HAS-98] Hasegawa, K. et al.: Biaxially Aligned YBCO Film Tapes Fabricated by Inclined Substrate Pulsed Laser Deposition. In (Balachandran, U. B. et al. Hrsg.): Advances in Cryogenic Engineering Materials. Springer US, Boston, MA, S. 835–841, 1998.

[HAZ-09] Hazelton, D. W.; Selvamanickam, V.: SuperPower's YBCO Coated High-Temperature Superconducting (HTS) Wire and Magnet Applications. Proceedings of the IEEE 11/97, S. 1831–1836, 2009.

[HON-03a] Honjo, S. et al.: Efficient finite element analysis of electromagnetic properties in multi-layer superconducting power cables. IEEE Transactions on Applied Superconductivity 2/13, S. 1894–1897, 2003.

[HON-03b] Honjo, S. et al.: Electric properties of a 66 kV 3-core superconducting power cable system. IEEE Transactions on Applied Superconductivity 2/13, S. 1952–1955, 2003.

[HON-06] Hong, Z.; Campbell, A. M.; Coombs, T. A.: Numerical solution of critical state in superconductivity by finite element software. Journal of Physics D: Applied Physics 12/19, S. 1246–1252, 2006.

[HUM-18] Humpert, C. et al.: Breakdown characteristics of liquid nitrogen in non-uniform electric fields: 2018 12th International Conference on the Properties and Applications of Dielectric Materials (ICPADM). IEEE, S. 172–176, 2018 - 2018.

[IIJ-96] Iijima, Y. et al.: Fabrication of High-Jc YBCO Tapes Using Continuously Deposited YSZ Buffer Layers by IBAD method. In (Hayakawa, H.; Enomoto, Y. Hrsg.): Advances in Superconductivity VIII. Springer Japan, Tokyo, S. 659–662, 1996.

[IWA-09] Iwasa, Y.: Case Studies in Superconducting Magnets. Design and Operational Issues. Springer US, Boston, MA, 2009.

[JAM-07] James, D. R. et al.: AC AND IMPULSE BREAKDOWN OF LIQUID NITROGEN AT 77 K FOR QUASI-UNIFORM FIELD GAPS: AIP Conference Proceedings. AIP, S. 42–49, 2007.

[JIA-04] Jiang, Z.; Amemiya, N.: An experimental method for total AC loss measurement of high Tc superconductors. Journal of Physics D: Applied Physics 3/17, S. 371–379, 2004.

[JIA-08] Jiang, Z.; Amemiya, N.; Nakahata, M.: Numerical calculation of AC losses in multi-layer superconducting cables composed of coated conductors. Superconductor Science and Technology 2/21, S. 25013, 2008.

[JON-63] Jones, C. H.; Schenk, H. L.: AC Losses in Hard Superconductors. In (Timmerhaus, K. D. Hrsg.): Advances in Cryogenic Engineering. Springer US, Boston, MA, S. 579–584, 1963.

[KAJ-03] Kajikawa, K. et al.: Numerical evaluation of AC losses in HTS wires with 2D FEM formulated by self magnetic field. IEEE Transactions on Applied Superconductivity 2/13, S. 3630–3633, 2003.

[KAJ-99] Kajikawa, K. et al.: Influences of geometrical configuration on AC loss measurement with pickup-coil method. IEEE Transactions on Applied Superconductivity 2/9, S. 746–749, 1999.

[KAR-00] Karlstrand, J.: Retrofit XLPE cable systems for the EHV range: 2000 IEEE Power Engineering Society Winter Meeting. Conference Proceedings (Cat. No.00CH37077). IEEE, S. 582–584, 2000.

[KIM-05] Kim, D.-W. et al.: Development of the 22.9-kV Class HTS Power Cable in LG Cable. IEEE Transactions on Applied Superconductivity 2/15, S. 1723–1726, 2005.

[KIM-13] Kim, S.-K. et al.: Development and Performance Analysis of a 22.9 kV/50 MVA Tri-axial HTS Power Cable Core. IEEE Transactions on Applied Superconductivity 3/23, S. 5400804, 2013.

[KIM-62] Kim, Y. B.; Hempstead, C. F.; Strnad, A. R.: Critical Persistent Currents in Hard Superconductors. Physical review letters 7/9, S. 306–309, 1962.

[KIM-63] Kim, Y. B.; Hempstead, C. F.; Strnad, A. R.: Flux Creep in Hard Superconductors. Physical Review 6/131, S. 2486–2495, 1963.

[KOH-10] Kohler, S.; Agricola, A.; Seidl, H.: dena-Netzstudie II. Integration erneuerbarer Energien in die deutsche Stromversorgung im Zeitraum 2015 - 2020 mit Ausblick auf 2025, Berlin, 2010.

[KOM-95] Komarek, P.: Hochstromanwendung der Supraleitung. Teubner, Stuttgart, 1995.

[KOT-17] Kottonau, D. et al.: Opportunities for High-Voltage AC Superconducting Cables as Part of New Long-Distance Transmission Lines. IEEE Transactions on Applied Superconductivity 4/27, S. 1–5, 2017.

[KOT-20] Kottonau, D. et al.: Evaluation of the Use of Superconducting 380 kV Cable. KIT Scientific Publishing, 2020.

[LAR-01] Larbalestier, D. et al.: High-Tc superconducting materials for electric power applications. Nature 6861/414, S. 368–377, 2001.

[LEE-11] Lee, S. et al.: Modeling of a 22.9kV 50MVA superconducting power cable based on PSCAD/EMTDC for application to the Icheon substation in Korea. Physica C: Superconductivity 21-22/471, S. 1283–1289, 2011.

[LEE-17] Lee, H.: Recent Highlights from SuNAM; HTS Conductor & Magnet. "Accelerator Physics" Meeting, Januar, 2017.

[LEE-20a] Lee, C. et al.: Progress of the first commercial project of high-temperature superconducting cables by KEPCO in Korea. Superconductor Science and Technology 4/33, S. 44006, 2020.

[LEE-20b] Lee, G. S. et al.: Condition Monitoring of 154 kV HTS Cable Systems via Temporal Sliding LSTM Networks. IEEE Access 8, S. 144352–144361, 2020.

[LEM-00] LEM Probes: LEM~flex RR3020. AC Current Probe - Operating Instructions, 2000.

[LI-21] Li, S.; Kovac, J.; Pardo, E.: Dependence of Resistance and Number of Tapes on the Coupling AC Loss of Soldered REBCO Stacks. IEEE Transactions on Applied Superconductivity 8/31, S. 1–5, 2021.

[LOW-96] Lowndes et al.: Synthesis of Novel Thin-Film Materials by Pulsed Laser Deposition. Science (New York, N.Y.) 5277/273, S. 898–903, 1996.

[MAE-88] Maeda, H. et al.: New high-Tc superconductors without rare earth element. Physica C: Superconductivity 153-155, S. 602–607, 1988.

[MAG-09] Maguire, J. et al.: Development and Demonstration of a Fault Current Limiting HTS Cable to be Installed in the Con Edison Grid. IEEE Transactions on Applied Superconductivity 3/19, S. 1740–1743, 2009.

[MAG-11] Maguire, J. F. et al.: Progress and Status of a 2G HTS Power Cable to Be Installed in the Long Island Power Authority (LIPA) Grid. IEEE Transactions on Applied Superconductivity 3/21, S. 961–966, 2011.

[MAI-05] Maiorov, B. et al.: Effect of the misalignment between the applied and internal magnetic fields on the critical currents of "tilted coated conductors". Applied Physics Letters 13/86, S. 132504, 2005.

[MAJ-07] Majoros, M. et al.: Transport AC losses in YBCO coated conductors. Superconductor Science and Technology 9/20, S299-S304, 2007.

[MAS-07] Masuda, T. et al.: Fabrication and Installation Results for Albany HTS Cable. IEEE Transactions on Applied Superconductivity 2/17, S. 1648–1651, 2007.

[MAS-11] Masuda, T. et al.: Test Results of a 30 m HTS Cable for Yokohama Project. IEEE Transactions on Applied Superconductivity 3/21, S. 1030–1033, 2011.

[MAT-19a] Matschoss, P. et al.: The German incentive regulation and its practical impact on the grid integration of renewable energy systems. Renewable Energy 4/134, S. 727–738, 2019.

[MAT-19b] Matlab: Partial Differential Equation Toolbox. User's Guide, Online, 2019.

[MCC-75] McConnell, R. D.; Critchlow, P. R.: Variable temperature apparatus using a thermal conductivity measurement technique for the determination of superconducting ac power loss. Review of Scientific Instruments 5/46, S. 511–516, 1975.

[MIK-13] Mikitik, G. P. et al.: Analytical Methods and Formulas for Modeling High Temperature Superconductors. IEEE Transactions on Applied Superconductivity 2/23, S. 8001920, 2013.

[MUK-97] Mukoyama, S. et al.: 50-m long HTS conductor for power cable. IEEE Transactions on Applied Superconductivity 2/7, S. 1069–1072, 1997.

[MUK-99] Mukoyama, S. et al.: Uniform current distribution conductor of HTS power cable with variable tape-winding pitches. IEEE Transactions on Applied Superconductivity 2/9, S. 1269–1272, 1999.

[MUL-16] Mulder, T. et al.: Design and Manufacturing of a 45 kA at 10 T REBCO-CORC Cable-in-Conduit Conductor for Large-Scale Magnets. IEEE Transactions on Applied Superconductivity 4/26, S. 1–5, 2016.

[MUL-17] Mulder, T. et al.: Design and Preparation of Two ReBCO-CORC ® Cable-In-Conduit Conductors for Fusion and Detector Magnets. IEEE Transactions on Applied Superconductivity 279, S. 12033, 2017.

[MUL-18] Mulder, T.: Advancing ReBCO-CORC wire and cable-in-conduit conductor technology for superconducting magnets, 2018.

[MÜL-97] Müller, K.-H.: AC power losses in flexible thick-film superconducting tapes. Physica C: Superconductivity 1/281, S. 1–10, 1997.

[NAK-08] Nakahata, M.; Amemiya, N.: Electromagnetic field analyses of two-layer power transmission cables consisting of coated conductors with magnetic and non-magnetic substrates and AC losses in their superconductor layers. Journal of Physics D: Applied Physics 1/21, S. 15007, 2008.

[NAR-91] Narumi, E. et al.: Critical current density enhancement in YBa 2 Cu 3 O 6.8 films on buffered metallic substrates. Applied Physics Letters 11/58, S. 1202–1204, 1991.

[NAS-01] Nassi, M. et al.: Qualification results of a 50 m-115 kV warm dielectric cable system. IEEE Transactions on Applied Superconductivity 1/11, S. 2355–2358, 2001.

[NEW-21] The World's First Demonstration Test to Install a Tri-axial Superconducting Cable System into a Commercial Plant Grid Completed. Expected to cut over 95% of transmission loss by applying it to plants with high power usage, 2021.

[NEX-21] Nexans installs and commisions superconducting cable for Chicago's Resilient Electric Grid project, 2021.

[NKT-20] nkt cables: Hoch- und Höchstspannungs-Kabelanlagen. Kabel und Garnituren bis 550 kV, 2020.

[NOE-21] Noe, M.; Bauer, M.: Ohne Widerstand in die Anwendung. Physik in unserer Zeit 6/52, S. 290–297, 2021.

[NOR-70] Norris, W. T.: Calculation of hysteresis losses in hard superconductors carrying ac: isolated conductors and edges of thin sheets. Journal of Physics D: Applied Physics 4/3, S. 489–507, 1970.

[NORM DIN EN ISO 10380:2013-02] DIN EN ISO 10380:2013-02:02.2013, Rohrleitungen - Gewellte Metallschläuche und Metallschlauchleitungen (ISO 10380:2012).

[NORM DIN VDE 0276-621:1997-05] DIN VDE 0276-621:1997-05:05.1997, DIN VDE 0276-621:1997-05.

[OTT-19a] Otten, S. J.: Characterisation of REBCO Roebel cables. KIT Scientific Publishing, 2019.

[OTT-19b] Otten, S.; Grilli, F.: Simple and Fast Method for Computing Induced Currents in Superconductors Using Freely Available Solvers for Ordinary Differential Equations. IEEE Transactions on Applied Superconductivity 8/29, S. 1–8, 2019.

[PET-82] Petzold, L. R.: Description of DASSL: A Differential/Algebraic System Solver. https://www.osti.gov/biblio/5882821-description-dassl-differential-algebraic-system-solver, Stand: 29.04.2022.

[PRA-07] Pratt, A.; Kumar, P.; Aldridge, T. V.: Evaluation of 400V DC distribution in telco and data centers to improve energy efficiency: INTELEC 07 - 29th International Telecommunications Energy Conference. IEEE, S. 32–39, 2007 - 2007.

[PRE-19] Preuss, A. et al.: Production and Characterization of Strands for a 35 kA HTS DC Cable Demonstrator. IEEE Transactions on Applied Superconductivity 5/29, S. 1–5, 2019.

[PRE-21] Preuß, A.: Development of high-temperature superconductor cables for high direct current applications. KIT Scientific Publishing, 2021.

[RED-07] Redžić, D. V.: Faraday's law via the magnetic vector potential. European Journal of Physics 2/28, N7-N10, 2007.

[REI-21] Reiser, W. et al.: Superconductor Busbars—High Benefits for Aluminium Plants. In (Perander, L. Hrsg.): Light Metals 2021. Springer International Publishing, Cham, S. 359–367, 2021.

[SCH-09] Schacherer, C.: Theoretische und experimentelle Untersuchungen zur Entwicklung supraleitender resistiver Strombegrenzer. KIT Scientific Publishing, Erscheinungsort nicht ermittelbar, 2009.

[SEL-09] Selvamanickam, V. et al.: Influence of Zr and Ce doping on electromagnetic properties of (Gd,Y)–Ba–Cu–O superconducting tapes fabricated by metal organic chemical vapor deposition. Physica C: Superconductivity 23-24/469, S. 2037–2043, 2009.

[SEL-12] Selvamanickam, V. et al.: The low-temperature, high-magnetic-field critical current characteristics of Zr-added (Gd,Y)Ba 2 Cu 3 O x superconducting tapes. Superconductor Science and Technology 12/25, S. 125013, 2012.

[SHA-21] Shanghai Superconductors: 2G HTS Tapes (REBCO). Datenblatt. http://www.shsctec.com/file/d/shouyeanner/20210223/202102231404184334.pdf, Stand: 04.10.2022.

[SHA-22] Shanghai Creative Superconductors: Shanghai Creative Superconductors - Product Description. Website. http://www.shscsc.com/HomeEN/CaseEN, Stand: 04.10.2022.

[SHA-97] Shampine, L. F.; Reichelt, M. W.: The MATLAB ODE Suite. SIAM Journal on Scientific Computing 1/18, S. 1–22, 1997.

[SHE-19] Shen, B.; Coombs, T.; Grilli, F.: Investigation of AC Loss in HTS Cross-Conductor Cables for Electrical Power Transmission. IEEE Transactions on Applied Superconductivity 2/29, S. 1–5, 2019.

[SIA-10] Siahrang, M. et al.: Fast Numerical Computation of Current Distribution and AC Losses in Helically Wound Thin Tape Conductors: Single-Layer Coaxial Arrangement. IEEE Transactions on Applied Superconductivity 6/20, S. 2381–2389, 2010.

[SIA-11] Siahrang, M.: Numerical Electromagnetic modeling of HTS Power Transmission Cables. Dissertation, Montreal, 2011.

[SIR-09] Sirois, F.; Roy, F.; Dutoit, B.: Assessment of the Computational Performances of the Semi-Analytical Method (SAM) for Computing 2-D Current Distributions in Superconductors. IEEE Transactions on Applied Superconductivity 3/19, S. 3600–3604, 2009.

[SIR-15] Sirois, F.; Grilli, F.: Potential and limits of numerical modelling for supporting the development of HTS devices. Superconductor Science and Technology 4/28, S. 43002, 2015.

[SJÖ-05] Sjöström, M.: Hysteresis modelling of high temperature superconductors. Lausanne, EPFL, 2005.

[SOH-07] Sohn, S. H. et al.: The Results of Installation and Preliminary Test of 22.9 kV, 50 MVA, 100 m Class HTS Power Cable System at KEPCO. IEEE Transactions on Applied Superconductivity 2/17, S. 2043–2046, 2007.

[SOI-11] Soika, R.; Garcia, X. G.; Nogales, S. C.: ENDESA Supercable, a 3.2 kA, 138 MVA, Medium Voltage Superconducting Power Cable. IEEE Transactions on Applied Superconductivity 3/21, S. 972–975, 2011.

[SOT-16] Sotnikov, D. V. et al.: Possible Reasons of Lorentz Force Direction Influence on Anisotropy of 2G HTS Tapes Critical Currents. IEEE Transactions on Applied Superconductivity 3/26, S. 1–4, 2016.

[ŠOU-08] Šouc, J. et al.: AC loss of the short coaxial superconducting cable model made from ReBCO coated tapes. Superconductor Science and Technology 97, S. 12198, 2008.

[STA-02] Stavrev, S.; Dutoit, B.; Nibbio, N.: Geometry considerations for use of Bi-2223/Ag tapes and wires with different models of J/sub c/(B). IEEE Transactions on Applied Superconductivity 3/12, S. 1857–1865, 2002.

[STA-98a] Stavrev, S.; Dutoit, B.: Frequency dependence of AC loss in Bi(2223)Ag-sheathed tapes. Physica C: Superconductivity 1-4/310, S. 86–89, 1998.

[STA-98b] Stavrev, S. et al.: Eddy current self-field loss in Bi-2223 tapes with a.c. transport current. Physica C: Superconductivity 1-2/307, S. 105–116, 1998.

[STE-13] Stemmle, M. et al.: AmpaCity — Installation of advanced superconducting 10 kV system in city center replaces conventional 110 kV cables: 2013 IEEE International Conference on Applied Superconductivity and Electromagnetic Devices. IEEE, S. 323–326, 2013 - 2013.

[STO-01] Stovall, J. P. et al.: Installation and operation of the Southwire 30-meter high-temperature superconducting power cable. IEEE Transactions on Applied Superconductivity 1/11, S. 2467–2472, 2001.

[STR-14] Strickland, N. M.; Hoffmann, C.; Wimbush, S. C.: A 1 kA-class cryogen-free critical current characterization system for superconducting coated conductors. The Review of scientific instruments 11/85, S. 113907, 2014.

[SUP-22a] SuperOx Japan: SuperOx Japan. Products. https://superoxjapan.com/products-en/, Stand: 04.10.2022.

[SUP-22b] SuperPower: SuperPower-2G HTS Wire Specification. https://www.superpower-inc.com/specification.aspx, Stand: 04.10.2022.

[TAC-89] Tachiki, M.; Takahashi, S.: Strong vortex pinning intrinsic in high-Tc oxide superconductors. Solid State Communications 3/70, S. 291–295, 1989.

[TAK-12] Takayasu, M. et al.: HTS twisted stacked-tape cable conductor. Superconductor Science and Technology 1/25, S. 14011, 2012.

[TER-15] Terazaki, Y. et al.: Measurement and Analysis of Critical Current of 100-kA Class Simply-Stacked HTS Conductors. IEEE Transactions on Applied Superconductivity 3/25, S. 1–5, 2015.

[THE-22] THEVA: THEVA Pro-Line: HTS wires making the difference. Pro-Line Series: Superior performance and highest reliability – Made in Germany. Datenblatt, 2022.

[TOM-12] Tomita, M. et al.: Development of 10 kA high temperature superconducting power cable for railway systems. Journal of Applied Physics 6/111, S. 63910, 2012.

[URA-82] Urankar, L.: Vector potential and magnetic field of current-carying finite arc segment in analytical form, part II: Thin sheet approximation. IEEE Transactions on Magnetics 3/18, S. 911–917, 1982.

[VAN-09] van der Laan, D. C.: YBa 2 Cu 3 O 7–δ coated conductor cabling for low ac-loss and high-field magnet applications. Superconductor Science and Technology 6/22, S. 65013, 2009.

[VAN-11] van der Laan, D. C. et al.: Evidence that the reversible strain effect on critical current density and flux pinning in Bi 2 Sr 2 Ca 2 Cu 3 O x tapes is caused entirely by the pressure dependence of the critical temperature. Superconductor Science and Technology 3/24, S. 32001, 2011.

[VAN-19] van der Laan, D. C.; Weiss, J. D.; McRae, D. M.: Status of CORC ® cables and wires for use in high-field magnets and power systems a decade after their introduction. Superconductor Science and Technology 3/32, S. 33001, 2019.

[VEL-95] Vellego, G.; Metra, P.: An analysis of the transport losses measured on HTSC single-phase conductor prototypes. Journal of Physics D: Applied Physics 6/8, S. 476–483, 1995.

[VÖG-12] Vögtlin Instruments AG: Massedurchflussmesser und Regler, Druckregler red-y smart series. Teil I: Allgemeine Bedienungsanleitung, 2012.

[VOL-12] Volkov, E. P.; Vysotsky, V. S.; Firsov, V. P.: First Russian long length HTS power cable. Physica C: Superconductivity 2/482, S. 87–91, 2012.

[WAN-13a] Wang, Y. S.; Guan, X. J.; Shu, J.: Review of AC loss measuring methods for HTS tape and unit: 2013 IEEE International Conference on Applied Superconductivity and Electromagnetic Devices. IEEE, S. 560–566, 2013 - 2013.

[WAN-13b] Wang, Y.: Fundamental elements of applied superconductivity in electrical engineering. Science Press/John Wiley & Sons Inc, Singapore, 2013.

[WEB-07] Weber, C. S. et al.: Testing and Demonstration Results of the 350 m Long HTS Cable System Installed in Albany, NY. IEEE Transactions on Applied Superconductivity 2/17, S. 2038–2042, 2007.

[WIL-02] Willén, D. et al.: First operation experiences from a 30 kV, 104 MVA HTS power cable installed in a utility substation. Physica C: Superconductivity 1/372-376, S. 1571–1579, 2002.

[WIM-17] Wimbush, S. C.; Strickland, N. M.: A Public Database of High-Temperature Superconductor Critical Current Data. IEEE Transactions on Applied Superconductivity 4/27, S. 1–5, 2017.

[WOL-16] Wolf, M. J. et al.: HTS CroCo: A Stacked HTS Conductor Optimized for High Currents and Long-Length Production. IEEE Transactions on Applied Superconductivity 2/26, S. 19–24, 2016.

[WOL-22] Wolf, M. J. et al.: 200 kA DC Busbar Demonstrator DEMO 200 – Conceptual Design of Superconducting 20 kA Busbar Modules Made of HTS CroCo Strands. IEEE Transactions on Applied Superconductivity 4/32, S. 1–7, 2022.

[WOO-15] Woodhead Publishing Hrsg.: Superconductors in the power grid. Materials and applications. Woodhead Publishing, Sawston, Cambridge, UK, Waltham, MA, 2015.

[WU-87] Wu et al.: Superconductivity at 93 K in a new mixed-phase Yb-Ba-Cu-O compound system at ambient pressure. Physical review letters 9/58, S. 908–910, 1987.

[XIA-07] Xiao, L. Y. et al.: Development of HTS AC Power Transmission Cables. IEEE Transactions on Applied Superconductivity 2/17, S. 1652–1655, 2007.

[XIN-05] Xin, Y. et al.: Introduction of China's First Live Grid Installed HTS Power Cable System. IEEE Transactions on Applied Superconductivity 2/15, S. 1814–1817, 2005.

[XIN-10] Xin, Y.; Gong, W.; Zhang, J.: A nontrivial factor in determining current distribution in an ac HTS cable-proximity effect. Science China Technological Sciences 4/53, S. 922–928, 2010.

[YAN-04] Yang, Y.; Martínez, E.; Norris, W. T.: Configuration and calibration of pickup coils for measurement of ac loss in long superconductors. Journal of Applied Physics 4/96, S. 2141–2149, 2004.

[YAN-20] Yan, Y. et al.: Numerical Investigation of the Coupling Effect in CORC Cable With Striated Strands. IEEE Transactions on Applied Superconductivity 4/30, S. 1–5, 2020.

[YAN-22] Yang, J. et al.: Analysis of AC Transport Loss in Conductor on Round Core Cables. Journal of Superconductivity and Novel Magnetism 1/35, S. 57–63, 2022.

[ZER-13] Zermeno, V. M. R. et al.: Calculation of alternating current losses in stacks and coils made of second generation high temperature superconducting tapes for large scale applications. Journal of Applied Physics 17/114, S. 173901, 2013.

[ZHA-18] Zhang, X. et al.: Study of Critical Current and n-Values of 2G HTS Tapes: Their Magnetic Field-Angular Dependence. Journal of Superconductivity and Novel Magnetism 12/31, S. 3847–3854, 2018.

[ZHA-19] Zhang, B.: Modellierung und hocheffiziente Berechnung der lastabhängigen Eisenverluste in permanentmagneterregten Synchronmaschinen. KIT Scientific Publishing, 2019.

[ZHA-22] Zhang, X. et al.: A Single-Phase AC HTS Cable with High Current-Carrying Capacity and Low Loss. Journal of Superconductivity and Novel Magnetism 59/26, S. 8, 2022.

[ZOL-04] Zola, D. et al.: A study of coupling loss on bi-columnar BSCCO/Ag tapes through ac susceptibility measurements. Superconductor Science and Technology 3/17, S. 501–511, 2004.

[ZON-15] Zong, X. H. et al.: Development of 35kV 2000A CD HTS cable demonstration project: 2015 IEEE International Conference on Applied Superconductivity and Electromagnetic Devices (ASEMD). IEEE, S. 593–595, 2015 - 2015.

[ZON-22] Zong, X. H.; Han, Y. W.; Huang, C. Q.: Introduction of 35-kV kilometer-scale high-temperature superconducting cable demonstration project in Shanghai. Superconductivity 3/2, S. 100008, 2022.

Abbildungsverzeichnis

Tabellenverzeichnis

Abkürzungsverzeichnis

AC	Wechselstrom
ACT	Advanced Conductor Technologies
AP	Advanced Pinning
BSCCO	Bismut-Strontium-Calcium-Kupferoxid
CICC	Cable-in-Conduit
CorC	Conductor-on-round-Core
CroCo	Cross-Conductor, Cross Conductor
CSD/MOD	Lösungsbeschichtung
CSM	Kritisches Zustandsmodell
DASSL	Different Algebraic System Solver
dena	Energieagentur
EMV	Elektromagnetische Verträglichkeit
FDM	Finite Differenzen Methode
FEM	Finite Elemente Methode
Hastelloy C276	Nickel-Chrom-Molybdän-Legierung
HTS	Hochtempertursupraleiter
IBAD	Ion Beam Assisted Deposition
ILK	Institute für Luft und Kältetechnik Dresden
ISD	Incline Substrate Deposition
KIT	Karlsruher Institute of Technology
LN_2	Flüssiger Stickstoff
LTS	Tieftemperatursupraleiter
Maglev	Magnetische Levitation
MgB_2	Magnesiumdiborid
MIT	Massachusetts Institute of Technology
MOCVD	metallorganische chemische Gasphasenabscheidung
NEDO	New Energy and Industrial Technology Development Organization
NIFS	National Institute for Fusion Science
PA12	Polyamid 12
PDE	Partial Differential Equation
PE	Polyethylen
PET	Polyethylenterephthalat
PPLP™	Polypropylen laminiertes Papier
PSD	Phase Sensitive Detection
PVD	physikalische Abscheidung
RABiTS	Rolling Assisted Biaxially Textured Substrate
REBCO	Rare-Earth Barium Copper Oxide

s.f.	self field (Eigenfeld)
SMES	Supraleitender Magnetischer Energiespeicher
SWCC	SHOWA CABLE SYSTEMS CO., LTD
Tyvek™	hochverdichteter Polyethylen
VESC	Vision Electric Super Conductors GmbH
VPE	vernetztes Polyethylen
YBCO	Yttrium-Barium Kupferoxid

Symbolverzeichnis

A	Magnetisches Vektorpotential
A_{ext}	Externes magnetisches Vektorpotential
A_{int}	Internes magnetisches Vektorpotential
A_{Q}	Querschnittsfläche
a	Belastungsparameter
B	Magnetische Flussdichte
$\hat{B}$	Amplitude magnetische Flussdichte
B_{ext}	Externe magnetische Flussdichte
$B_{\perp}$	Senkrechte magnetische Flussdichte
$B_{\parallel}$	Parallele magnetische Flussdichte
B_0	Konstante für Berechnung der kritischen Stromdichte
B_{c}	Kritische magnetische Flussdichte
B_{c2}	Zweite kritische magnetische Flussdichte
B_{ext}	Externe magnetische Flussdichte
b	Breite Bandleiter
b_1	Breite des schmalen CroCo Bandleiter
b_2	Breite des breiten CroCo Bandleiter
b_{e}	Eindringtiefe
b_{K}	Breite Kryostat
b_{sum}	Äquivalente Bandbreite
$b_{\mathrm{sum,g}}$	Äquivalente Bandbreite der drei Phasen
c_{k}	y-Koordinate der Grenze des Filaments k
$c_{\mathrm{l}}(\mathrm{g})$	Koordinaten einer linksdrehenden Trajektorie
$c_{\mathrm{r}}(\mathrm{g})$	Koordinaten einer rechtsdrehenden Trajektorie
D	Durchmesser Gesamtzylinder
$\mathrm{D_{IK}}$	Innenduchmesser Kryostatrohr Kabel
D_0	Durchmesser Former
D_{CorC}	Durchmesser CorC
D_F	Durchmesser Former CorC
d	Dicke Bandleiter
d_{cu}	Dicke Kupferschicht
d_{h}	Dicke Hastelloyschicht
d_{p}	Dicke Polyesterschicht
d_{REBCO}	Dicke REBCO-Schicht
d_{St}	Dicke Styrodur
d_{su}	Dicke Substratschicht
E	Elektrisches Feld

$E_{\mathrm{d,LN2}}$	Durchschlagsfeldstärke flüssiger Stickstoff
$E_{\mathrm{d,Luft}}$	Durchschlagsfeldstärke Luft
E_{c}	Kritisches elektrisches Feld
E_{d}	Durchbruchspannung
E_{h}	Elektrisches Feld helikale Komponente
E_{max}	Maximale Feldstärke
e	Anpassungsparameter für Berechnung der kritischen Stromdichte
F_L	Lorentzkraft
F_P	Pinning-Kraft
f	Frequenz
G_{K}	Geometrischer Korrekturfaktor
G_{G}	Greensche Funktion
g	Längenparameter Trajektorie
$\widehat{H}_{\mathrm{m}}$	Amplitude externes Magnetfeld
H_{c1}	Kritisches Magnetfeld
H_{c2}	Zweites Kritisches Magnetfeld
H_e	Enthalpie Kühlmedium
h_{a}	Abstand zwischen Bandleitern
h_{K}	Höhe Kryostat
$\Delta\mathrm{I}$	Stromerhöhung
$\hat{I}$	Stromamplitude
I_{c}	Kritischer Strom
$I_{\mathrm{c,Band}}$	Kritischer Strom HTS-Bandleiter
$I_{\mathrm{c,calc}}$	Berechneter kritischer Strom
$I_{\mathrm{c,CroCo}}$	Kritischer Strom CroCo
$I_{\mathrm{c,gem}}$	Gemessener kritischer Strom
$I_{\mathrm{c.Leiter}}$	Kritischer Strom Leiter
$I_{\mathrm{c,opt}}$	Optimaler kritischer Strom
I_{rms}	Effektivwert Strom
$\mathrm{i(t)}$	Transportstrom
$i_{\mathrm{h}}(\mathrm{t})$	Transportstrom helikale Komponente
$i_{\mathrm{set}}(\mathrm{t})$	vorgegebener Strom
$\Delta\mathrm{J}$	Stromdichtereserve
j	Stromdichte
J_{c}	Kritische Stromdichte
$J_{\mathrm{c0}}(\mathrm{T})$	Stromdichte bei Temperatur T
k	Parameter Anisotropie
L	Länge
L_{B}	Bandlänge nach einer Wicklung
L_{Band}	Länge HTS-Bänder
$L_{\mathrm{Band,1P}}$	Aufsummierte Länge HTS-Bänder pro Kabelmeter für eine Phase

$L_{\mathrm{Band,3P}}$	Aufsummierte Länge HTS-Bänder pro Kabelmeter für drei Phasen
L_{K}	Länge Kryostat
L_{w}	Ganglänge der Wicklung
$\underline{\mathrm{M}}$	Geometriematrix
N	Anzahl Bandleiter
N_1	Anzahl Bandleiter der Breite 1
N_2	Anzahl der Bandleiter der Breite 2
N_P	Anzahl der Bandleiter einer Phase
N_{3P}	Anzahl der Bandleiter drei Phasen
N_{B}	Anzahl Bänder gesamt
N_{L}	Anzahl Wicklungslagen
n	n-Wert
$n_{\mathrm{Leiter,min}}$	Minimale Anzahl an parallelen Leitern
n_{Leiter}	Anzahl paralleler Leiter
n_{p}	Anzahl der Windungen
n_{B}	Anzahl gewickelter Bänder
O	Koordinaten im globalen Koordinatensystem
O'	Koordinaten im lokalen Koordinatensystem
$\mathrm{p(t)}$	Momentanleistung
$P_{\mathrm{v,3ph}}$	Gesamte Verlustleistung der drei Phasen
$P_{\mathrm{v,Leiter}}$	Verlustleistung pro Leiter
$P_{\mathrm{v,ph}}$	Verlustleistung pro Phase
P_{v}	AC-Verlustleistung
P_{mag}	Verlustleistung durch externes Magnetfeld
P_{trans}	Verlustleistung durch Transportstrom
P_{ges}	Gesamtverluste
P_{w}	Wirbelstromverluste
Q	Verlustenergie pro Periode
r	Richtungsvektor Filament
r'	Richtungsvektor Quelle
R	Reduktionsfaktor kritischer Strom
$R_{\mathrm{L}\rightarrow\mathrm{G}}$	Rotationsmatrix vom lokalen ins globale Koordinatensystem
r_1	Radius Einzelleiter
r_2	Radius Phasenleiter
r_3	Radius dreiphasige Anordnung
r_4	Radius der inneren Kryostatwand
r_p	Radius Phasenleiter
R_{res}	Resisitver Anteil
S	Scheinleistung
$\Delta\mathrm{T}$	Temperaturdifferenz
ΔT_{a}	Temperaturanstieg
T	Temperatur

T_{c}	Kritische Temperatur
T_0	Temperatur des Kühlmediums
T_{K}	Referenztemperatur
T_{k}	Betriebstemperatur
T_{m}	Durchschnittlicher Temperaturanstieg
U_0	Leiter-Erd Spannung (Effektivwert)
U_{c}	Induzierte Spannung Kompensationsspule
U_{korr}	Korrigierter Spannungswert
U_{L1}	Spannung Phase 1
U_{L2}	Spannung Phase 2
U_{L3}	Spannung Phase 3
U_{m}	Höchste zulässige Spannung (Effektivwert) des Systems
U_{mess}	Gemessener Spannungswert
U_{n}	Nennspannung
U_{p}	Induzierte Spannung Messspule
$U_{\mathrm{Prüfleiter}}$	Spannung am Prüfleiter
U_{rms}	Effektivwert Spannung
V	Volumen
$\dot{V}$	Volumenstrom
v	Breitenparameter Trajektorie
∇	Nabla Operator
μ_0	Magnetische Feldkonstante
α	Wicklungswinkel
γ	Propotionalitätskonstante
$\gamma\mathrm{C(T)}$	Volumetrische Wärmekapazität
ε_0	Dielektrizitätskonstante
ε_{m}	Externe mechanische Belastung
θ	Magnetfeldwinkel
Θ	Wicklungswinkel CorC
κ	Thermische Leitfähigkeit
ρ	Spezifischer elektrischer Widerstand
ρ_{cu}	Spezifischer elektrischer Widerstand Kupfer
σ	Spezifische elektrische Leitfähigkeit
ϕ	Elektrisches Skalarpotential
φ_{s}	Startwinkel Wicklung

Karlsruher Schriftenreihe zur Supraleitung

Karlsruher Institut für Technologie (KIT) | ISSN 1869-1765

Band 001 **Christian Schacherer**
Theoretische und experimentelle Untersuchungen zur Entwicklung supraleitender resistiver Strombegrenzer.
ISBN 978-3-86644-412-6

Band 002 **Alexander Winkler**
Transient behaviour of ITER poloidal field coils.
ISBN 978-3-86644-595-6

Band 003 **André Berger**
Entwicklung supraleitender, strombegrenzender Transformatoren.
ISBN 978-3-86644-637-3

Band 004 **Christoph Kaiser**
High quality Nb/Al-AlOx/Nb Josephson junctions. Technological development and macroscopic quantum experiments.
ISBN 978-3-86644-651-9

Band 005 **Gerd Hammer**
Untersuchung der Eigenschaften von planaren Mikrowellen-resonatoren für Kinetic-Inductance Detektoren bei 4,2 K.
ISBN 978-3-86644-715-8

Band 006 **Olaf Mäder**
Simulationen und Experimente zum Stabilitätsverhalten von HTSL-Bandleitern.
ISBN 978-3-86644-868-1

Band 007 **Christian Barth**
High Temperature Superconductor Cable Concepts for Fusion Magnets.
ISBN 978-3-7315-0065-0

Band 008	**Axel Stockhausen** Optimization of Hot-Electron Bolometers for THz Radiation. ISBN 978-3-7315-0066-7
Band 009	**Petra Thoma** Ultra-fast $YBa_2Cu_3O_{7-x}$ direct detectors for the THz frequency range. ISBN 978-3-7315-0070-4
Band 010	**Dagmar Henrich** Influence of Material and Geometry on the Performance of Superconducting Nanowire Single-Photon Detectors. ISBN 978-3-7315-0092-6
Band 011	**Alexander Scheuring** Ultrabreitbandige Strahlungseinkopplung in THz-Detektoren. ISBN 978-3-7315-0102-2
Band 012	**Markus Rösch** Development of lumped element kinetic inductance detectors for mm-wave astronomy at the IRAM 30 m telescope. ISBN 978-3-7315-0110-7
Band 013	**Johannes Maximilian Meckbach** Superconducting Multilayer Technology for Josephson Devices. ISBN 978-3-7315-0122-0
Band 014	**Enrico Rizzo** Simulations for the optimization of High Temperature Superconductor current leads for nuclear fusion applications. ISBN 978-3-7315-0132-9
Band 015	**Philipp Krüger** Optimisation of hysteretic losses in high-temperature superconducting wires. ISBN 978-3-7315-0185-5

Band 016 **Matthias Hofherr**
Real-time imaging systems for superconducting nanowire single-photon detector arrays.
ISBN 978-3-7315-0229-6

Band 017 **Oliver Näckel**
Development of an Air Coil Superconducting Fault Current Limiter.
ISBN 978-3-7315-0526-6

Band 018 **Christoph M. Bayer**
Characterization of High Temperature Superconductor Cables for Magnet Toroidal Field Coils of the DEMO Fusion Power Plant.
ISBN 978-3-7315-0605-8

Band 019 **Shengnan Zou**
Magnetization of High Temperature Superconducting Trapped-Field Magnets.
ISBN 978-3-7315-0715-4

Band 020 **Ilya Charaev**
Improving the Spectral Bandwidth of Superconducting Nanowire Single-Photon Detectors (SNSPDs).
ISBN 978-3-7315-0745-1

Band 021 **Juliane Raasch**
Electrical-field sensitive $YBa_2Cu_3O_{7-x}$ detectors for real-time monitoring of picosecond THz pulses.
ISBN 978-3-7315-0786-4

Band 022 **Yingzhen Liu**
Design of a superconducting DC wind generator.
ISBN 978-3-7315-0796-3

Band 023 **Sebastian Hellmann**
Research and Technology Development on Superconducting Current Limiting Transformers.
ISBN 978-3-7315-0804-5

Band 024 **Simon J. Otten**
Characterisation of REBCO Roebel cables.
ISBN 978-3-7315-0904-2

Band 025 **Julia Brandel**
Supraleitende Einzelphotonenzähler: Optimierung der Zeitauflösung und Anwendungsbeispiele aus der Spektroskopie.
ISBN 978-3-7315-0917-2

Band 026 **Dustin Kottonau, Eugen Shabagin, Wescley T. B. de Sousa, Jörn Geisbüsch, Mathias Noe, Hanno Stagge, Simon Fechner, Hannes Woiton, Thomas Küsters**
Bewertung des Einsatzes supraleitender 380-kV-Kabel.
ISBN 978-3-7315-0927-1

Band 027 **Steffen Dörner**
Multifrequenzausleseverfahren von supraleitenden Einzelphotonen-Detektoren.
ISBN 978-3-7315-0961-5

Band 028 **Michael Merker**
Superconducting integrated THz receiver.
ISBN 978-3-7315-0970-7

Band 029 **Wolfgang-Gustav Ekkehart Schmidt**
Superconducting Nanowire Single-Photon Detectors for Quantum Photonic Integrated Circuits on GaAs.
ISBN 978-3-7315-0980-6

Band 030 **Dustin Kottonau, Eugen Shabagin, Wescley de Sousa, Jörn Geisbüsch, Mathias Noe, Hanno Stagge, Simon Fechner, Hannes Woiton, Thomas Küsters**
Evaluation of the Use of Superconducting 380 kV Cable.
ISBN 978-3-7315-1026-0

Band 031 **Alan Preuß**
Development of high-temperature superconductor cables for high direct current applications.
ISBN 978-3-7315-1041-3

Band 032 **Roland Gyuráki**
Fluorescent thermal imaging method for investigating transient effects in high-temperature superconductor tapes and coils.
ISBN 978-3-7315-1064-2

Band 033 **Aurélien Godfrin**
AC Losses in High-Temperature Superconductor Tapes and Cables for Power Applications.
ISBN 978-3-7315-1096-3

Band 034 **Alexander Schmid**
Integrierte planare Antennen für supraleitende Detektorsysteme zur THz-Strahldiagnostik.
ISBN 978-3-7315-1145-8

Band 035 **Alexander Buchholz**
Prospective Life Cycle Assessment of High-Temperature Superconductors for Future Grid Applications.
ISBN 978-3-7315-1194-6

Band 036 **Emanuel Marius Knehr**
Technology and readout for scaling up superconducting nanowire single-photon detectors.
ISBN 978-3-7315-1256-1

Band 037 **Mathias Noe, Chistof Humpert, Wescley de Sousa, Stefan Fink, Friedhelm Herzog, Stefan Huwer, Marvin Nießen, Sebastian Pfaller, Stephan Pöhler, Tobias Rodler, André Schmid, Tabea Arndt**
380 kV Superconducting Fault Current Limiter Feasibility Study.
ISBN 978-3-7315-1313-1

Band 038 **Carsten Räch**
Untersuchung von Wechselstromverlusten verschiedener hochtemperatursupraleitender Mehrleiterkonzepte für dreiphasige Hochstromanwendungen.
ISBN 978-3-7315-1372-8

Kolibri 360 GmbH
Ferdinand-Jühlke-Straße 7
99095 Erfurt, Deutschland
produktsicherheit@kolibri360.de